AF603539

MANUEL PRATIQUE

DE L'AMATEUR

DE CHIENS

TREMELAT

BIBLIOTHÈQUE D'UTILITÉ PRATIQUE

MANUEL PRATIQUE
DE L'AMATEUR
DE CHIENS

CHIENS DE CHASSE, CHIENS DE GARDE
CHIENS DE BERGER
CHIENS D'AGRÉMENT

HISTOIRE, ORIGINE, INTELLIGENCE, RACES CANINES
ALIMENTATION, ÉLEVAGE, SOINS DE PROPRETÉ, DRESSAGE
HYGIÈNE, MALADIES, TAXE MUNICIPALE

PAR

Albert LARBALÉTRIER

Professeur, Ingénieur-Agronome
Lauréat de la Société protectrice des animaux

PARIS
GARNIER FRÈRES, LIBRAIRES-ÉDITEURS
6, RUE DES SAINTS-PÈRES, 6

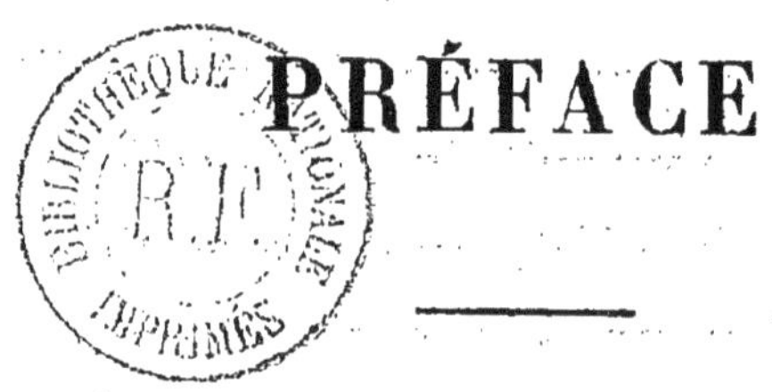

PRÉFACE

La statistique compte en France 2,690,000 chiens payant la taxe municipale ; comme beaucoup échappent à cette taxe, on peut admettre dans notre pays, au bas mot, l'existence de 3,000,000 de ces animaux. Les uns servent à la garde des habitations, ce sont les plus nombreux ; les autres à la garde des troupeaux ; ceux-ci sont employés à la chasse, ceux-là à l'agrément. Comme on le voit, les destinations du chien sont nombreuses et variées ; aussi est-il bien peu de maisons, à la ville et à la campagne, qui ne possèdent au moins un chien, c'est pourquoi nous avons cru être utile au grand public en publiant ce livre, qui étudie non seulement un ami et un commensal de l'homme, mais encore un de ses meilleurs serviteurs.

Nous plaçant à un point de vue essentiellement pratique, ce livre devait nécessairement trouver sa place dans la *Bibliothèque d'Utilité pratique*, dont notre sympathique éditeur, M. H. Garnier, poursuit la publication avec tant de succès. En effet, quoique le chien soit fort répandu, bien peu le connaissent, même parmi ceux qui l'aiment le plus. Or, bien convaincu de cette idée que lorsqu'on possède un de ces animaux, mieux vaut le rendre heureux que d'en faire un martyr, nous avons voulu faire connaître les caractères de cet ami. ses exigences, les soins qu'ils réclame, l'alimentation qui lui convient, etc. En publiant ce livre nous avons par cela même poursuivi deux buts : être utile aux amateurs de chiens en leur enseignant les moyens de tirer de cet animal le plus de services possibles, et aussi être utile aux chiens, dont on a trop médit à notre sens.

Pourquoi nous en cacher, nous les aimons ces bonnes bêtes, nos compagnons fidèles dans toutes les circonstances, ces êtres si intelligents et si dévoués qui, dans bien des cas, n'hésitent pas à sacrifier leur vie pour nous soustraire à un danger. Si nous parvenons à faire partager ces convictions à quelques-uns de nos lecteurs, notre but sera en partie atteint.

A. L.

MANUEL PRATIQUE

DE L'AMATEUR

DE CHIENS

CHIENS DE CHASSE, CHIENS DE GARDE
CHIENS DE BERGERS
CHIENS D'AGRÉMENT

DIVISION.

Pour mettre de l'ordre dans la multitude des sujets intéressants qui concernent le chien, nous diviserons cette étude en cinq parties bien distinctes :

1° Histoire naturelle du chien ;
2° Les Races canines ;
3° L'Élevage et l'Alimentation ;
4° Éducation et dressage du chien ;
5° Hygiène et maladies.

LIVRE PREMIER

HISTOIRE NATURELLE DU CHIEN

CHAPITRE PREMIER

CARACTÈRES GÉNÉRAUX DU CHIEN

Place du chien dans la série zoologique. — On sait que la classe des mammifères a été divisée par les naturalistes en un certain nombre d'*ordres*, ou divisions plus ou moins naturelles, dont chacune renferme les animaux ayant entre eux le plus de ressemblance. Ces ordres, nous le répétons, sont artificiels, car ils sont presque exclusivement basés sur les caractères tirés de la dentition et de la structure de l'extrémité des membres, ou pattes. Malgré cela, nous sommes obligés de nous en contenter dans l'état actuel de la science, car en l'absence d'une classification naturelle, semblable à celle des végétaux, mieux vaut, étant donné le grand nombre des mammifères existants, se contenter d'une classification artificielle, plutôt que de ne pas en avoir du tout. Le nombre de ces ordres varie avec les systèmes des divers zoologistes, cependant on peut en admettre une quinzaine, répartis en deux groupes assez naturels : les *Monodelphes*, dont la génération est normale, qui ont un placenta adhérent à la poche utérale où les petits passent tout le temps de leur vie embryonnaire et fœtale, attachés par le placenta ; et les *Didelphes*, beaucoup moins nombreux, qui ont une gestation fort courte et dont le fœtus n'a pas de véritable placenta ; les petits naissent incomplètement développés et achèvent leur organisation dans la poche mammaire.

Le premier groupe comprend douze ordres, savoir :

1° Les Bimanes (hommes) ;
2° Les Quadrumanes (singes, lémuriens, etc.) ;
3° Les Cheiroptères (chauve-souris) ;
4° Les Carnivores (chiens, chats, ours, etc.) ;
5° Les Insectivores (taupes, hérissons) ;
6° Les Amphibies (phoques, morses, etc.) ;
7° Les Rongeurs (rats, lièvres, castors, etc.) ;
8° Les Edentés (tatous, fourmiliers) ;
9° Les Pachydermes (cochons, éléphants) ;
10° Les Solipèdes (chevaux, ânes, zèbres) ;
11° Les Ruminants (bœufs, chèvres, chameaux, etc.) ;
12° Les Cétacés (cachalot, baleines, etc.).

Le second groupe comprend deux ordres :

13° Les Marsupiaux (sarigues) ;
14° Les Monotrèmes (ornithorhynque, etc.).

Chacun de ces ordres comprend un grand nombre

de subdivisions secondaires, tertiaires, quaternaires, etc., sur lesquelles nous n'insisterons pas.

Toutefois, en ce qui concerne l'ordre des Carnassiers, dans lequel se range le chien, nous dirons que la division en cinq sections est la plus généralement admise. Elle comprend :

1° Les Féliens (lion, tigre, chat, etc.);

2° Les Canidés (chien, loup, renard, etc.) ;

3° Les Vivéridés (civette, genette, paradoxures, etc.);

4° Les Mustéliens (martre, fouine, belette, etc.) ;

5° Les Ursidés (ours, etc.).

Les Canidés. — Les Canidés, comme le fait remarquer le naturaliste Brehm, constituent une famille assez bien délimitée et ne différant pas autant des Féliens qu'on pourrait le croire. S'ils s'en éloignent par bien des caractères particuliers d'organisation, et surtout par leurs mœurs et leur intelligence, d'un autre côté, ils s'en rapprochent par leur conformation. Tous ont le corps élevé, les jambes effilées, allongées, les pattes étroites; la colonne vertébrale, composée de vingt vertèbres, dorsales et lombaires, de trois sacrées et de dix-huit à vingt-deux coccygiennes. Le thorax est formé par treize paires de côtes : neuf vraies et quatre fausses. La clavicule est recourbée, l'omoplate mince, le bassin fort; la tête est petite ; les cavités nasales sont très amples; elles présentent de plus, cette disposition remarquable que leurs surfaces se multiplient par la formation de cornets très nombreux, représentant isolément de petits cônes ou des tubes semblables aux tuyaux des dentelles plissées, et par l'existence des volutes ethmoïdales qui occupent la région la plus supérieure des fosses nasales : leur nombre et leur finesse sont en raison directe de l'excellence de l'olfaction. Le crâne est allongé, les mâchoires surtout sont longues.

Les Canidés comprennent deux groupes distincts :

1° Les Chiens proprement dits;

2° Les Renards.

Ces derniers se distinguent des chiens *en ce qu'ils ont la pupille linéaire.*

Quant au premier groupe, il renferme des animaux diurnes *à pupille toujours ronde ;* il comprend les loups, les chacals et les chiens domestiques.

Le loup, avons-nous dit ailleurs, est le type le plus parfait du genre Canis. Ce genre, établi par Linné en 1735, est caractérisé par 42 dents, dont 14 incisives, 6 en haut et 6 en bas ; 2 canines à chaque mâchoire ; 12 molaires supérieures et 14 inférieures. Ce qui donne une formule dentaire pouvant s'écrire ainsi :

$$\text{Inc. } \frac{6}{6}, \qquad \text{Can. } \frac{1-1}{1-1}, \qquad \text{Mol. } \frac{6-6}{7-7}.$$

C'est la dentition complète de l'animal adulte.

Quant à la dentition de lait, elle ne comprend que 22 dents, ainsi disposées :

$$\text{Inc. } \frac{3}{3}, \qquad \text{Can. } \frac{1-1}{1-1}, \qquad \text{Mol. } \frac{3-3}{3-3}.$$

A l'état adulte, les incisives, surtout celles de la mâchoire supérieure, sont relativement grandes ; les extérieures égalent presque les molaires en largeur, et ont en général un tubercule de chaque côté de la partie principale de la couronne. Les canines sont longues, recourbées. Les fausses molaires, au nombre de trois à la mâchoire supérieure, de quatre à la mâchoire inférieure, sont moins pointues que celles des chats, et les vraies molaires sont des tubercules assez mousses, propres à broyer les aliments.

Mœurs des Canidés. — Sous le rapport de l'agilité, les chiens le cèdent peu aux chats ; ils ne peuvent, à cause de leurs ongles obtus, grimper comme les féliens, ni faire comme eux des bons énormes, mais sont d'admirables coureurs, et résistent parfaitement à la fatigue. Tous savent nager, quelques-uns même, en véritables animaux aquatiques, se plaisent au milieu des flots. Ils marchent sur l'extrémité des doigts comme les féliens ; seulement leur démarche est oblique, et ils ne posent pas leurs pattes droit devant eux.

Les canidés sont parfaitement pourvus du côté des sens. Leur ouïe est presque aussi fine que celle des chats ; ils l'emportent sur ceux-ci pour la vue, et leur odorat est admirablement développé, et en général, d'autant plus que le museau est plus *gros*, d'autant moins qu'il est plus *allongé*. C'est ainsi que les lévriers, par exemple, ont l'odorat relativement peu développé, tandis qu'il est très subtil chez les braques.

Les chiens, et surtout les chiens domestiques, sont très sensibles aux sons aigus et retentissants, ce qu'ils manifestent par des hurlements lugubres qui semblent dénoter plutôt la douleur que l'agacement.

Lorsque le chien veut se coucher, il tourne une fois ou deux sur lui-même, gratte le sol, puis s'affaisse. Son sommeil est léger, il rêve souvent, ce qu'on voit parfaitement lorsqu'il remue la queue, s'agite et aboie faiblement en dormant. Le chien exhale une odeur peu agréable, qui, n'ayant d'analogie avec aucune autre, doit être appelée *sui generis* ; cette particularité semble due à leur genre de nourriture.

La nourriture des canidés, fait remarquer M. Brehm, précédemment cité, est principalement une nourriture animale. Ils mangent la chair fraîche, aussi bien que les charognes, que certains paraissent même préférer. Il en est qui dévorent les os ; d'autres trouvent à se nourrir avec des déjections de l'homme ; mais ce sont principalement les mammifères et les oiseaux qui forment la base de leur alimentation. Quelques-uns ajoutent encore à ce régime des poissons, des coquillages, des crustacés, du miel, des fruits, des bourgeons, de la mousse même. Beaucoup d'entre eux sont très voraces, et tuent plus qu'ils ne peuvent manger, mais aucun n'a cette soif de carnage qui caractérise bon nombre de féliens ; aucun ne boit avec cette volupté enivrante le sang de la victime qu'il a abattue (1).

Les formes du chien sont élégantes, il est agile et courageux ; son intelligence, ainsi que nous le verrons plus loin, est très développée.

Les membres de devant sont terminés par cinq doigts, les deux du milieu sont les plus longs ; quatre seulement touchent le sol pendant la marche, le pouce

(1) Brehm. *L'homme et les animaux*, T. I.

étant placé plus haut ; les membres postérieurs n'ont que quatre doigts. La plante des pieds est garnie de bourrelets ou tubercules ; les ongles ne sont ni rétractiles, ni tranchants.

Une particularité propre au chien, dont nous avons déjà dit un mot, mais sur laquelle nous devons revenir, c'est que, pendant la marche, il porte son corps de travers, surtout lorsqu'il trotte ; on ne connaît guère la raison de cet étrange mode de locomotion. M. Bénion pense que cette marche est due à l'irrégularité des mouvements. En effet, la progression des membres postérieurs est plus étendue que celle des antérieurs, qui, lorsqu'ils se déplacent, embrassent une moins grande étendue de terrain. Les postérieurs viendraient donc heurter les antérieurs si l'animal ne se déplaçait sensiblement dans le sens latéral, or, son admirable instinct l'avertit de ce défaut de régularité. Il porte son train postérieur de travers et fait de la sorte passer naturellement les membres postérieurs à côté des antérieurs. Ils se posent ainsi obliquement près de ces derniers, sans les heurter.

Le chien aboie ; le ton et la durée de l'aboiement varient suivant les variétés et selon les maladies dont il est effecté. Lorsqu'il a perdu son maître ou qu'il est égaré, fait remarquer M. Bénion, il hurle d'une manière plaintive. Dans la rage, l'aboiement est complètement changé, le timbre n'est plus le même ; aussi les vétérinaires habiles reconnaisssent-ils parfaitement cette affection sans voir l'animal, en l'entendant seulement aboyer. A l'état sauvage, il n'aboie pas : il hurle à l'instar des loups ; sa nature se rapprochant beaucoup de celle de ces derniers, lui fait prendre ce cri lugubre des habitants des bois. Dans les pays chauds, le Congo et la Guinée par exemple, on remarque un fait assez extraordinaire qui se passe sur les chiens amenés des contrées tempérées : au bout de quelque temps, ils deviennent demi-sauvages et perdent complètement la voix, sans qu'on puisse bien en expliquer la raison.

Les chiens domestiques d'Europe, abandonnés dans des endroits déserts du Nouveau-Monde et devenus demi-sauvages, présentent le même phénomène. On pense que s'ils n'aboient pas, ils n'en ont pas perdu la faculté, mais seulement l'habitude. Cela vient de ce qu'étant obligés de subvenir à leur existence par la chasse, de surprendre une proie toujours aux aguets, ils gardent le silence. De plus, pour dérober leur marche aux animaux plus forts qu'eux qui les poursuivent, ils sont forcés de marcher prudemment et de ne pas aboyer. Le fait contraire se produit chez les loups qu'on tient enfermés dans les ménageries avec des chiens ; on en a vu qui, au bout d'un certain temps, aboyaient et portaient la queue en trompette.

Lorsqu'il est jeune, le chien urine comme le chat, c'est-à-dire qu'il abaisse le train de derrière en fléchissant les membres postérieurs ; lorsqu'il est adulte, il lève une jambe de derrière et projette son urine contre un obstacle quelconque, chez le mâle toutefois, car, à n'importe quel âge de son existence, la chienne urine comme les chats.

Comme le chien flaire toujours en courant, son

odorat le conduit à des endroits où d'autres individus de son espèce ont uriné, alors il en fait autant et, de ce fait, répète cette opération jusqu'à cent fois par jour si les circonstances s'y prêtent. Lorsque plusieurs chiens se rencontrent, ils se flairent le derrière dans le but de reconnaître leur sexe.

Les mâles sont très ardents à la lutte et d'ailleurs la fécondité de ces animaux est très-grande. Les femelles font de quatre à neuf petits à chaque portée, quelquefois même ce nombre va à quinze.

Le chien a dix mamelles. Elles sont très petites, presque rudimentaires chez le mâle, mais volumineuses chez les femelles en gestation ; il y en a six ventrales et quatre pectorales.

La durée de la gestation est d'environ neuf semaines. D'une manière générale, la chienne a la tête plus allongée et plus étroite que le chien, ce dernier l'a plutôt développée en largeur. Chez la femelle le train de derrière est plus fort que chez le mâle.

Les allures du chien sont au nombre de trois : le pas, le trot et le galop.

Détermination de l'âge du chien. — La durée ordinaire de la vie du chien est d'une douzaine d'années. En général, les chiens conservés dans l'intérieur des habitations deviennent moins vieux que ceux qui se rapprochent plus ou moins de l'état sauvage.

La connaissance de l'âge chez les chiens, s'acquiert, comme dans le cheval, par les changements divers qui surviennent aux dents Les formes extérieures du corps peuvent bien indiquer les principales époques du cours de la vie, mais elles ne retracent jamais d'une manière précise le nombre des années.

Chez le chien, toutes les dents, à l'exception des crochets, sont pourvues d'un collet bien prononcé, qui se trouve recouvert par la gencive, et qui sépare le corps de la dent d'avec sa racine ; leurs tables, garnies de pointes, sont disposées de manière à déchirer et à broyer la proie dont se repaît l'animal. En général les dents de ce carnivore ne prennent qu'une croissance médiocre : aussi elles usent fort peu comparativement à la déperdition de substance qu'éprouvent les mêmes parties dans le cheval. Les chiens qui courent à la charogne, ou que l'on nourrit avec des débris d'animaux, usent beaucoup, et sont exposés à perdre diverses dents, qui sont arrachées ou cassées d'une manière quelconque.

Comme ces quadrupèdes sont très avides de chair, et qu'ils aiment passsionnément à ronger les os, il s'ensuit que leurs dents antérieures, les incisives et les crocs, usent d'une manière fort irrégulière ; aussi la connaissance de l'âge par l'inspection des dents n'est-elle pas de longue durée. Lorsque l'animal a atteint sa quatrième année, l'arcade incisive, diversement altérée, offre déjà beaucoup d'incertitude, et cette incertitude augmente avec les anomalies.

Nous donnons ici, d'après F. Girard, le résumé des notions acquises pour la détermination approximative de l'âge du chien, par l'examen des dents :

Les chiens naissent avec les yeux fermés, qu'ils

ouvrent du dixième au quinzième jour, suivant celui de la naissance; ils portent assez ordinairement toutes leurs dents de lait, et dans le cas contraire, l'éruption de ces dents se complète en peu de temps. Vers deux à quatre mois, les pinces, et souvent les mitoyennes des deux mâchoires, tombent, et laissent la place libre aux dents qui doivent les remplacer, et qui sont encore cachées par la gencive. A cinq ou huit mois, ce qui varie suivant les races de chiens, l'animal a toutes les dents d'adultes, et sa *gueule est faite*, terme vulgaire pour désigner la sortie de toutes les dents adultes.

Age d'un an : Fraîcheur de toule la gueule ; les incisives et les crochets surtout sont blancs, nets et intacts. — Membrane de la bouche d'une couleur rosée. — Bout du nez effilé.

Age de quinze mois : Commencement d'usure des pinces inférieures, — fraîcheur soutenue de la gueule, toujours blancheur parfaite des crocs et des incisives.

Age de dix-huit mois à deux ans : Le rasement des pinces inférieures se complète; commencement d'usure des mitoyennes inférieures.

Age de deux ans et demi à trois ans : Effacement de de la fleur de lys aux mitoyennes inférieures. — Les pinces supérieures éprouvent un commencement d'usure. — La gueule a beaucoup perdu de sa fraîcheur. — Altération sensible des incisives et des crocs, qui commencent à devenir ternes, et n'ont plus la fraîcheur de l'âge d'un an à quinze mois.

Age de trois ans et demi à quatre ans. — Rasement complet des pinces de la mâchoire supérieure. Les dents prennent une teinte d'un blanc sale, parfois les crocs commencent à jaunir.

Age de quatre à cinq ans. — Rasement des mitoyennes de la mâchoire supérieure. — A cette époque, les gros chiens auxquels on donne beaucoup de viande ou des os à ronger, ont les premières dents de devant, les pinces et les mitoyennes, ternes et plus ou moins altérées.

Après cinq ans, l'inspection des dents ne fournit plus que des indices vagues et tellement variables, qu'il devient impossible de porter plus loin la connaissance exacte de l'âge. L'on peut seulement juger, par l'état des quatre crochets et des coins supérieurs, si l'animal est très vieux ou s'il n'est pas très éloigné de l'âge de cinq ans. Il est d'observation générale qu'à partir de six ans, les crochets ainsi que les coins supérieurs jaunissent, s'émoussent, et s'usent par tous les points où ils éprouvent du frottement. La couleur jaune qui se manifeste d'abord à la base de la dent, se montre chez certains sujets dès l'âge de quatre ans. Le plus communément elle ne s'établit que lorsque l'animal a atteint sa cinquième année, et elle ne devient bien prononcée qu'après six ans. A cette dernière époque, les petits crocs supérieurs s'émoussent, et les petites incisives sont sales, noirâtres, détériorées ; souvent même elles sont absentes. Quelques mois plus tard, les grands crochets s'émoussent, s'usent par les autres points de frottement et leur dépression devient quelquefois très-prompte. Les altérations que nous venons de signaler vont toujours en augmentant et en se compliquant de plus en plus, ais elles ne se succèdent pas dans un ordre régulier, t elles ne fournissent dans tous les cas que des otions approximatives.

A ces considérations sur les dents, nous ajouterons ue les vieux chiens grisonnent autour du nez, des eux et sur le front: au lieu d'être effilée, comme ans le jeune âge, leur tête grossit par le bout, et rend un aspect particulier qui annonce le grand âge. ux environs de huit ans, la pointe des jarrets se dégarnit de poils et se couvre de callosités. Chez les vieux chiens, le bout des doigts de devant grossit et s'arrondit; les ongles, creux et plats, s'allongent et décrivent un demi-cercle; très souvent la surface du dos se dénude, devient écailleuse, ou bien elle se couvre d'une sorte de gale, de roux-vieux, affection très rebelle, à peu près incurable, et qui fait toujours des progrès, nonobstant les remèdes employés pour la combattre.

Tous les caractères indiqués dans ce chapitre, comme propres au chien, appartiennent également au loup et au chacal; aucune différence essentielle ne peut séparer ces trois animaux, qui au point de vue anatomique et physiologique ne présentent pas de caractères distinctifs. Le *hurlement* du loup, que l'on a voulu opposer à l'*aboiement* du chien, n'a aucune valeur, puisque nous avons vu que les loups dans les ménageries aboient communément et que, dans bien des cas, des chiens *redevenus sauvages*, hurlent bel et bien tout comme les loups.

CHAPITRE II

ORIGINE DU CHIEN

Généralités. — L'origine du chien domestique est une question encore bien obscure et qui a soulevée de nombreuses contreverses. Pour les uns, l'ancêtre commun de nos races domestiques serait le loup, pour d'autres, le renard, le chacal ; pour d'autres, c'est le loup ; enfin, pour d'autres, le croisement de ces divers animaux entre eux.

Peut-on admettre que les races domestiques, demande M. Harting, de la Société zoologique de Londres, sont toutes venues d'un seul type sauvage, dont les descendants, par leur transport dans différents climats et leur existence forcée dans des conditions de vie entièrement changées, sont devenues si dissemblables dans le cours d'innombrables générations qu'ils puissent assumer l'apparence présentée aujourd'hui par eux ? Ou devons-nous admettre l'existence de plus d'un ancêtre sauvage ayant contribué à la formation des diverses races existantes, les variations présentées par les types sauvages s'étant accentuées encore davantage par le croisement de leurs descendants.

La variabilité du chien, son mélange dans tout l'univers, la parfaite fertilité du produit des variétés les plus séparés en apparence, sont autant d'arguments en faveur de l'opinion qui fait de cet animal une seule et même espèce. D'autre part, la différence si remarquable existant entre quelques-unes des variétés est l'argument principal sur lequel on s'appuie pour défendre la pluralité des souches primitives. Comme il existe une évidence suffisante pour montrer le chien vivant à l'état domestique dans les temps préhistoriques, ni l'histoire, ni la tradition ne nous permettent de résoudre avec certitude la question de son origine, question à propos de laquelle on rencontre une si grande diversité d'opinion qu'elle ne sera bien probablement jamais résolue d'une manière satisfaisante (1).

Quoi qu'il en soit, la question de l'origine du chien peut être comprise en trois propositions : Les chiens fossiles, les chiens préhistoriques et les chiens dans l'histoire. Nous laisserons à des auteurs compétents le soin de présenter ces trois intéressants chapitres.

Les chiens dans les temps géologiques. — Ce sujet a été traité de main de maître par M. O. Schmidt, auquel nous laisserons la parole :

Il est établi depuis longtemps que la série tout entière du renard avec le chien n'a aucun rapport. Darwin avait à cet effet essayé de démontrer que, dans les points les plus différents du globe, les peuplades sauvages avaient domestiqué des animaux de la forme des loups et originaires de ces pays ; par suite du croisement de ces espèces et de leur élevage de différentes manières, elles auraient donné nais-

(1) *The Zoologist.*

sance au chien domestique de l'époque actuelle. Cette manière de voir a été quelque peu modifiée par L. H. Jeitteler, qui a étudié d'une manière très approfondie tous les animaux domestiques.

D'après lui, le loup (*Canis lupus*) n'a pas contribué à la production des races canines européennes et orientales ; ce serait principalement le chacal et le loup indien (*Canis pallipes*). Ces races nous reportent en partie aux époques préhistoriques de l'espèce humaine. Le type le plus voisin du chacal est le loup des tourbières, trouvé dans les cités lacustres, et dont provient très probablement le spitz ou chien-loup. Autour de lui se rangent les ratiers, les épagneuls, les bassets, les griffons. Le *Canis pallipes* a été la souche du chien bronzé, très probablement venu en Europe avec des immigrants asiatiques, puis du chien de berger du centre de l'Europe, du chien courant, du barbet, du mâtin ou chien de boucher, du boule-dogue. On doit peut-être considérer comme type original d'un troisième groupe le grand chacal (*Canis lupaster*) du nord de l'Afrique ; à ce type se rapporterait le chien d'Egypte, le chien vagabond d'Orient et le lévrier africain. Cela ne nous indique pas toutefois quelles sont les formes fossiles cachées dans la masse des races. A cet égard, plusieurs hypothèses ont été émises, mais aucune n'a pu être établie par de sérieux arguments. De Blainville pensait que la souche du chien domestique était une espèce diluvienne d'une nature très douce, très sociable, qui n'existe plus aujourd'hui à l'état sauvage ; dans ce sens général, cette idée, ainsi que nous le montrent les documents précédents, doit être considérée comme une opinion sans fondement de la question de l'origine du chien. Woldrich (1) a repris récemment cette idée que nos races canines proviennent de plusieurs races sauvages du diluvium ; combinée avec les résultats de Darwin et de Huxley, sur les rapports du chien domestique avec les chacals et les loups actuels, cette manière de voir a pour elle un beaucoup plus haut degré de vraisemblance.

Il faut ajouter à cela que l'opinion de Jeitteler est combattue de la manière la plus catégorique par Nehring (2). Ce dernier savant a montré tout d'abord que la captivité amène chez les loups, déjà dans la première génération, des modifications étonnantes de taille et de proportion dans tout le crâne et aussi, en particulier, des changements dans la forme, la grandeur et la situation des dents.

Jeitteler et d'autres auteurs ont pensé qu'il fallait exclure de la série ancestrale en particulier le loup commun, parce que sa dentition est plus puissante, et que le rapport de la longueur de la carnassière supérieure à celle des deux tuberculeuses de la même mâchoire est tout différent de celui que l'on observe chez le chien domestique. Ce caractère s'observe même quand ce dernier, par sa taille et sa puissance, est entièrement comparable au loup. Or Nehring montre que ces différences ne sont que la conséquence de la domestication. « Quel que soit le point que nous

(1) Woldrich. *Canidés sauvages du Diluvium*, 1879.

(2) Nehring. *Sitzungsberichte der Gesellschalt Natur forschender Freunde*, in Berlin. V. 18, November 1884.

examinions dans le crâne du loup, dit Nehring, nous observons partout la tendance à la variation. De plus, la distance de l'arcade zygomatique au crâne varie notablement ; ces variations sont en rapport avec un plus ou moins grand développement des muscles masticateurs. A cet égard, il est naturel que les chiens domestiques aient une arcade zygomatique beaucoup moins développée que leurs congénères sauvages, puisque ceux-là ont généralement moins d'occasions de développer leurs muscles que ces derniers. La structure de l'*Atlas* et de l'*Axis* (1) présente aussi des variations remarquables chez les loups et les chiens domestiques, suivant le développement du crâne (surtout de la région occipitale) et des muscles et ligaments qui s'y rattachent, etc... » Ainsi, d'après Nehring, c'est le loup (*Canis lupus*) avec ses nombreuses variétés (c'est-à-dire ses races locales) qui doit être considéré essentiellement comme la souche de nos grandes races canines. En ce qui concerne l'oririgine des petites races canines, ce sont les différentes espèces et races de chacals qui entrent en considération.

C'est dans le diluvium que l'on doit certainement trouver les ancêtres directs du loup européen. On a distingué autrefois sous le nom de loup des cavernes, une espèce de plus grande taille, sans que l'on puisse donner des caractères distinctifs nets des deux formes. Une troisième forme du loup, *Canis suessii*, de la Lœss, de Vienne, a été décrite comme un animal élancé, mais vigoureux, assez fort pour faire la

(1) Premières vertèbres cervicales.

chasse à des herbivores plus grands que lui et s'en rendre maître. On a émis l'idée que cette espèce était encore représentée aujourd'hui par une des races à cou très développé du matin ; elle n'a pas encore été confirmée. C'est là précisément une des huit espèces ou races de loups que l'on peut distinguer dans l'Europe centrale pour le diluvium, à l'époque très reculée de l'apparition de l'homme. Il faut y ajouter environ cinq espèces de renards.....

Une espèce intéressante pour le but directe de nos recherches est le chien mégalote (*Otocyon Lalandii*), vivant dans le sud de l'Afrique. Voisin de la série du renard par son aspect général, il s'en éloigne nettement par la dentition, car il possède 4/4 machelières et présente les plus grandes divergences dans le rapport de la grandeur des dents considérées isolément.

Comme nous l'avons dit, le chien mégalote ressemble au type chien par l'ensemble du corps et par sa dentition, d'une manière telle, qu'il est presque impossible de l'en séparer, de sorte qu'on doit le considérer comme une forme primitive des canidés, maintenue jusqu'à nos jours. Toute la paléontologie des vertébrés montre que les dentitions polyodontes des mammifères représentent des appareils héréditaires, transmis par des ancêtres d'organisation inférieure, et que l'augmentation du nombre de dents, dans la classe même, n'a vraisemblablement jamais eu lieu.

Puisque nos chiens avec les molaires, au nombre de 2/3, 2/3, proviennent sans aucun doute d'ancêtres à dentition plus nombreuse, nous devons considérer l'Otocyon comme un représentant encore vivant d'un type ancien de canidés, qui, par ses autres caractères, se rapproche davantage de la série du renard que de celle du loup. Mais, comme il existe aussi des espèces du groupe du *canis azaræ* avec de très faibles sinus frontaux, il est très difficile, ainsi que nous le fait remarquer Huxley, de ne pas penser que lui aussi ne conduise à des ancêtres de la forme de l'Otocyon. Celui-ci aura donc donné naissance aux deux séries qui se terminent l'une, par le renard, l'autre par le loup.

Nous sommes confirmés dans cette manière de voir par cette observation, que le *Canis cancrivorus*, de l'Amérique du Sud, possède souvent la molaire in 4 et se présente par conséquent comme un autre représentant de la forme primitive. Cette quatrième molaire, supplémentaire, n'est pas une monstruosité ou une formation pathologique; elle représente un cas d'atavisme ou d'arrêt dans l'évolution, de même que celui des crochets du cheval; et ceux-ci trouvent leur explication dans les prémolaires du genre primitif Anchiterium.

C'est ainsi que la clef de l'origine de tous les canidés repose essentiellement sur la détermination de la parenté du chien mégalote. Huxley nous a donné des détails très dignes d'attention sur la ressemblance de la dentition de cette espèce avec celle des genres ursidés inférieurs, le bradype ursin (*Bradipus ursinus*) et le raton laveur (*Ursus lotor*); mais ils ne sont que d'une importance secondaire, si on les compare aux conséquences d'une découverte faite par ce même savant anglais. Chez plusieurs espèces de canidés, on observe des formations tendineuses qui correspondent, parait-il, aux os marsupiaux, si caractéristiques de l'ordre du même nom. D'après l'opinion d'un de nos premiers savants en anatomie comparée, si une nouvelle observation venait à confirmer ce point important, la descendance directe des chiens, aux dépens des marsupiaux, aurait du même coup, pour elle, le plus haut degré de ressemblance. Et ce n'est pas sur les marsupiaux carnassiers actuels qu'il faudrait tout d'abord porter son attention; la série de leurs molaires est plus pauvre d'une dent que celle de l'Otocyon, généralement décrite p. 3/3, m. 4/4. Ce serait bien plutôt les marsupiaux rongeurs qui entreraient en considération. Ce sont les seuls animaux que l'on connaisse dans le terrain éocène avec quatre molaires. Bien qu'ils soient plantigrades et que leurs molaires soient pourvues de crêtes tranchantes, ils ne sont pas sans rapports avec les insectivores. Car il faut tenir compte de cette circonstance que différentes particularités dentaires des canidés inférieurs doivent être rapportées à la dentition des insectivores; en outre, que la présence de clavicules très réduites et du moignon du cinquième doigt aux membres postérieurs indique naturellement des ancêtres pourvus de clavicules complètement développées et de cinq doigts normalement constitués. Tous ces caractères sont réunis chez les insectivores : et c'est ainsi que des canidés actuels nous sommes conduits à des insectivores, éocènes et antéocènes, mais présentant certaines particularités des marsupiaux (1).

Le chien dans les temps préhistoriques. — L'homme primitif a-t-il connu le chien, mais encore l'employait-il comme animal domestique?

Le professeur Steenstrup, de Copenhague, a prouvé, de la manière la plus originale, que le chien chassait avec l'homme et partageait ses repas à l'époque lointaine où les sauvages habitants du Danemark entassaient, sur les côtés de la Baltique, les immenses kjokkenmoddinger.

M. Ed. Dupont, à son tour, a rencontré le *canis familiaris* dans les cavernes paléolitiques de la Belgique, c'est-à-dire dans des gisements plus anciens que les précédents.

Il est vrai que le savant directeur du Muséum d'histoire naturelle de Bruxelles n'affirme pas, mais simplement soupçonne que cet animal a dû être réduit de très bonne heure à l'état domestique. On conçoit, en effet, l'utile et indispensable secours que le chien devait prêter à l'homme, armé seulement de la hache, de la massue ou de la flèche de pierre, pour frapper la proie qu'il poursuivait dans sa fuite ou qu'il attaquait corps à corps. L'instinct éminemment sociable du chien, les innombrables variations qu'il a subies, les races plus ou moins nombreuses qu'il a formées, les qualités précieuses, naturelles ou acquises, qui le distinguent, tout semble prouver

(1) O. Schmidt. *Les Mammifères et leurs ancêtres géologiques.*

qu'il a été l'un des premiers associés de l'homme, que depuis il n'a plus quitté, qu'il a suivi partout, et dont il constituerait même la *meilleure part*, s'il fallait s'en rapporter au spirituel auteur du livre sur l'*Esprit des bêtes* (Toussenel).

C'est encore Toussenel qui a dit : « Le chien est la plus belle conquête que l'homme ait jamais faite, n'en déplaise à M. de Buffon. Le chien est le premier élément du progrès de l'humanité. Sans le chien, l'homme était condamné à végéter éternellement dans les limbes de la sauvagerie. C'est le chien qui a fait passer la société humaine de l'état sauvage à l'état patriarcal en lui donnant le troupeau. Sans le chien, pas de troupeau ; sans le troupeau, pas de subsistance assurée, pas de gigot ni de rosbif a volonté, pas de laine, pas de burnous, pas de temps à perdre; par conséquent pas d'observations astronomiques, pas de science, pas d'industrie. C'est le chien qui a fait à l'homme ses loisirs. »

Il y a beaucoup de vrai dans ce badinage ingénieux, fait remarquer M. N. Joly. Une fois soumis à l'influence toute puissante de l'homme assisté du chien, transporté avec lui dans tous les climats, nos animaux, esclaves d'abord, privés ensuite, domestiques à la fin, ont subi dans la série des âges une foule de modifications relatives aux formes extérieures, à la taille, aux proportions des membres, aux téguments, aux organes intérieurs et à leurs fonctions, aux instincts et à l'intelligence. L'histoire de ces variations étonnantes et presque à l'infini, a été traitée de main de maître dans un livre devenu bientôt classique, traduit dans plusieurs langues, et dans lequel on ne sait ce qu'il faut admirer le plus, ou la science profonde, ou le génie de l'observation, ou le grand nombre de faits intéressants qui lui servent de base, ou bien enfin la justesse des déductions et la hauteur de vues, malheureusement quelquefois entachées d'hypothèses voisines de la témérité. On conçoit que je veux parler de l'important ouvrage de Darwin, intitulé: *De la variation des animaux et des plantes dans la domestication.* C'est à ce livre, plein de faits et d'idées, que je me permets de renvoyer ceux d'entre mes lecteurs qui seraient désireux d'apprendre jusqu'à quel point peut s'étendre le pouvoir de l'homme sur la nature vivante, sans préjudice, bien entendu, de l'immense influence qu'il exerce sur la nature inorganique..... Rapprochez le chien de Terre-Neuve du carlin, dont la race se perd; le chien turc à peau nue du havanais à la fine toison; le lévrier aux longues jambes, au museau effilé, du dogue aux formes trapues, au museau large et brusquement tronqué!.... Que serait-ce donc si nous faisions entrer en ligne de compte les instincts acquis ou perdus, la fécondité accrue ou diminuée, le régime alimentaire complètement changé, l'acclimatement et la naturalisation des espèces exotiques.

Je sais bien qu'il est des savants, peu nombreux il est vrai, qui prétendent encore, en présence de ces faits pourtant très significatifs, que chacune de nos races domestiques a été créée telle et tout exprès pour l'homme, dès l'origine des choses, et qu'elle est restée, depuis, absolument invariable.

Système au moins singulier, qui n'a même plus besoin d'être sérieusement réfuté.

S'il était rigoureusement démontré qu'elle est exacte, la domestication du chien remonterait donc à une époque très ancienne, c'est-à-dire à une époque à peu près contemporaine des palafittes de l'âge néolithique et même un peu plus haut. Or, dans les cités lacustres, on a trouvé deux races de chiens domestiques nettement caractérisées : l'une intermédiaire, pour la grosseur et pour la forme extérieure, entre le chien de garde (wachthund) et le chien d'arrêt; l'autre, plus récente que la première, rappelant notre chien de berger (1). Cette dernière découverte ne permet donc plus de regarder le chien de berger comme la souche dont dérivent toutes les variétés domestiques répandues par toute la terre, comme l'admet M. Bénion.

Nous avons parlé de *la* souche des races canines, car tout en admettant, avec M. N. Joly, qu'elle a pu être multiple pour la généralité des races canines, nous la croyons unique pour l'ensemble des chiens européens, et nous répétons que cet ancêtre unique est le *Canis familiaris fossilis* (Blainville) et non pas un chien quelconque venu de l'Orient. Du reste, en ce qui concerne la pluralité des races domestiques européennes, l'unité du type sauvage ancestral est la règle, et la multiplicité, l'exception (2).

(1) N. Joly. *L'homme avant les métaux.*

(2) Nous ne nous expliquons pas comment, après avoir posé ce principe, qui nous semble l'expression de la vérité, E. Hæckel a pu dire, presque immédiatement après, que

Le chien dans les temps historiques. — Le chien n'est pas mentionné dans les plus anciens récits de la Bible.

Les Hébreux n'avaient pas su apprécier les qualités de l'animal qui nous occupe.

Chez les Chinois, le chien a servi de modèle à l'un des caractères significatifs les plus anciens de leur écriture.

Le chien d'Ulysse s'appelait *Argos*. Quoi qu'aveugle, il reconnut son maître après une longue absence, fit un dernier effort pour se lever, parvint à lui, lécha sa main et mourut.

La mythologie nous a appris les exploits de Cerbère, regardé comme le type de la vigilance. Les Athéniens avaient beaucoup de chiens; on sait l'histoire de ceux de Xanthippe, d'Alcibiade, de Périclès et de plusieurs autres. A cette époque de renaissance les Grecs admettaient ces animaux dans leurs palais, aux repas somptueux, aux cérémonies graves et aux réjouissances publiques.

Ils les offraient à Hécate et pensaient se purifier en se faisant lécher par eux.

A Corinthe, cinquante chiens gardaient la citadelle. On vit des rois, exilés de leurs États, y être ramenés par des chiens luttant contre ceux qui s'opposaient à leur retour. Pline, Ælien et Strabon rapportent que les Colophoniens et les Cestobales menaient des troupeaux de chiens à la guerre et les mettaient au pre-

« jamais une race domestique ne descend d'une espèce correspondante sauvage et unique ». (*Histoire de la Création* p. 127 et 129.)

mier rang, où ils remplissaient l'office des combattants les plus fidèles. Suivant ces auteurs, les Magnésiens, les Circassiens et les Gaulois conduisaient aussi au combat des chiens d'un courage rare; chaque cavalier avait pour compagnons d'armes un esclave habile à tirer de l'arc et un chien. Alexandre-le-Grand fit la conquête de l'Inde avec des hommes valeureux sans doute, mais aussi avec des chiens de la plus haute taille, qui contribuèrent au succès des batailles.

Lors de la guerre qu'il dirigea contre Porus, il perdit son chien Périlès, qu'il avait élevé lui-même; en récompense de ses services, il bâtit une ville qui porta longtemps son nom. C'est Plutarque qui nous a donné ces détails.

Dans la Macédoine, la Béotie, la Bactriane et la Médie, les armées marchaient toujours accompagnées d'un grand nombre de chien; ces animaux étaient très estimés; les riches en nourrissaient un grand nombre, et les pauvres selon leurs facultés. Beaucoup étaient entretenus aux frais du trésor public.

Diogène, lassé de vivre avec les hommes, se fit chien, et vécut dans l'isolement le plus complet.

Dans la vieille Egypte, on nourrissait très religieusement les chiens; on leur affectait le produit d'une certaine étendue de terrain. Quand les habitants du pays étaient atteints de maladies externes, ils avaient l'habitude, pour se guérir, de se faire lécher par ces animaux, dont la salive était un baume, selon eux, préférable aux onguents les plus estimés.

Pour les Egyptiens, Sirius était le chien céleste,

leur génie familier ; son apparition précédait de quelques jours le débordement du Nil; de là le culte tout spécial qu'ils lui vouaient.

Diodore de Sicile constate que pendant plusieurs famines qui désolaient l'Egypte, des habitants, pressés par le besoin, se dévoraient entre eux plutôt que de toucher à un chien.

Il n'est personne qui ne connaisse la ruse de Cambyse attaquant Peluse : il mit des chiens devant ses troupes, et les Egyptiens, craignant de blesser ces animaux, furent vaincus.

Les Siciliens entretenaient mille chiens dans le les temples de leurs dieux, dont ils étaient les symboles.

Les Romains offraient des chiens à la déesse Mona-Geneta, quand il leur naissait un fils qu'ils voulaient faire protéger.

Après la défaite des Cimbres par Marius, leurs chiens défendaient, courageusement et presque seuls, les chariots ambulants qui servaient de maisons à ces peuples.

Dans les temps modernes, continue M. Bénion, auquel nous empruntons ces détails, on voit également le chien rendre de grands services et être très estimé.

Montmorency, premier baron de France, créa en 1100 l'ordre du chien.

Christophe Colomb vainquit 100,000 Indiens avec 250 fantassins, 30 cavaliers et une soixantaine de chiens.

A cette époque, les Péruviens mangeaient des

chiens, avec la conviction de s'assimiler une divine subtance; le même préjugé était répandu chez les Mexicains.

Les armées mahométanes, selon l'usage arabe, traînaient toujours à leur suite des troupes de chiens. C'est la victoire de Mahomet II qui détermina l'acclimatation de ces animaux à Constantinople et dans les villes environnantes où on les rencontre en si grand nombre.

En 1453, l'héroïque et dernier empereur, Constantin Dracocès, soutenu par 8,000 chrétiens seulement, recevait l'assaut donné par Mahomet II et ses 200,000 soldats.

La petite garnison dut capituler, et le croissant remplaça la croix sur le dôme de l'église de Sainte-Sophie.

Pendant l'action, le fracas des couleuvrines, qu'ils n'avaient pas l'habitude d'entendre, épouvanta tellement l'armée assiégeante, qu'ils traversèrent à la nage le golfe de Chrysocréas et gagnèrent une belle prairie, où fut élevé plus tard le palais d'Achmet III.

Ces animaux y fondèrent une colonie qui prospéra grâce au gibier qui abondait dans les environs. Au bout d'un siécle, les lièvres, les perdrix et les cailles se firent rares ; la disette arriva, et en 1540, sous le règne de Soliman-le-Magnifique, les chiens remontèrent vers Constantinople pour demander de quoi vivre aux habitants de cette ville.

Les Turcs accueillirent favorablement les émigrés, qui se posèrent en conquérants dans leur nouvelle demeure. Vivre à leur guise, inquiéter les passants et troubler le repos des nuits, devint un droit pour eux. Les Turcs auraient bien eu raison de cette audace qui a duré des siécles, mais ils ont toujours reculé devant des hécatombes si nécessaires, sous prétexte que ces animaux sont sous la protection du Prophète.

Lorsque les soldats français firent halte à Constantinople, avant de prendre terre en Crimée, quand ils s'attardaient dans les rues de cette ville, ils étaient poursuivis, parfois mordus, ce qui les obligeait à livrer bataille aux chiens et à tuer ceux qui les poursuivaient de trop près.

Le chien de Constantinople était doué de toutes les qualités; mais on ne peut reconnaître ce type dans le chien dégénéré qui lui a succédé. Par suite du croisement de hasard, il ressemble à tout, excepté à un chien.

Henri VIII, roi d'Angleterre, joignit aux soldats qu'il envoya en France combatre le roi Charles V, une troupe de 400 dogues de forte taille.

Un auteur normand rapporte qu'au XVIe siècle, les chiens servaient de garde dans les villes et dans les ports, qu'ils défendaient les habitants contre les surprises des pirates, et que, dans le combat, ces fidèles et généreuses bêtes supportaient toujours le premier choc des assaillants. Il ajoute que la ville de Saint-Malo n'a jamais eu de meilleurs défenseurs. Le même auteur s'appuie sur le témoignage de Varron, qui fait venir *canes* de *cancre*, par allusion aux longs aboiements de ces fidèles serviteurs, quand ils apercevaient, du haut des plates-formes, l'escadre de l'ennemi.

Il est prouvé que bien des fois, soit dans l'attaque, oit dans la défense, le courage des chiens fit souvent onte à celui de leurs maîtres.

Sous Louis XIV et Louis XV, les femmes avaien is à la mode les petites espèces, telles que les carlins et les petits épagneuls.

CHAPITRE III

INTELLIGENCE DU CHIEN

Les chiens raisonnent-ils ? — Les traits d'intelligence qu'on a constaté à l'actif du chien ont bien des fois fait poser cette question, qui peut être résolue, croyons-nous, par l'affirmative.

Le raisonnement des chiens n'est peut-être pas toujours d'un ordre bien élevé, mais certains faits pour être insignifiants et en se reproduisant constamment dans toute la race, en acquièrent d'autant plus d'importance qu'ils montrent que la faculté est générale.

Les chiens raisonnent-ils? Un auteur de *Live Stock-Journal*, s'est encore posé tout récemment cette question, en lisant qu'un chien s'était présenté à l'hopital Charing Cross, afin de faire panser sa patte, qu'une voiture venait de lui écraser.

Les personnes qui considèrent que les plus hautes qualités de raisonnement sont le partage exclusif de l'homme vont sans doute me répondre négativement, dit cet auteur, mais un peu de réflexion les conduirait peut-être à une autre conclusion. Personnellement, je répondrai immédiatement en me prononçant presque pour l'affirmative, car si les chiens ne possèdent pas la faculté de raisonner, ils ont du moins le don d'associer des idées afin d'arriver aux mêmes conclusions. Cette action sera attribuée à l'instinct par bien des gens, je ne suis pas de cet avis.

Traits d'intelligence. — C'est par milliers qu'on cite les remarquables traits d'intelligence du chien, traits qui, pour la plupart, dénotent un discernement, une sagacité, une mémoire dont bien des hommes, nous n'hésitons pas à le dire, ne sont pas toujours capables.

Ces faits intéressants au plus haut point, se rapportent à la mémoire, aux émotions, à l'amour-propre, au sentiment de dignité même, à la jalousie, à l'affection, à l'hypocrisie, la plaisanterie, la sagacité, la reconnaissance des portraits, etc., etc.

Nous donnons dans les pages qui suivent quelques traits d'intelligence empruntés à nos observations personnelles, à des auteurs dignes de foi, que nous citons d'ailleurs.

I. Voyons d'abord Darwin :

J'avais un chien, dit-il, qui se distinguait par son antipathie farouche pour les étrangers. Une absence de cinq ans et deux jours me fournit l'occasion de mettre sa mémoire à l'épreuve. A mon retour, je me rendis à l'écurie qui lui servait de domicile et je l'appelai comme j'en avais eu l'habitude; sans manifester aucune joie, il se met à me suivre et m'obéit durant notre promenade comme s'il y avait à peine une heure que je l'eusse quitté (1).

II. J'ai connu à Arras un petit chien épagneul très avide de sucre, il croquait avec délice tous les morceaux qu'on lui tendait *de la main droite*, mais

(1) *Descendance de l'homme.*

jamais, au grand jamais, on ne serait arrivé à lui faire accepter le sucre de la main gauche. Il baissait la queue et vous regardait alors d'un air indigné. En faisant passer et repasser plusieurs fois de suite le morceau de sucre de la main droite dans la main gauche et réciproquement, l'intelligente bête ne s'y laissait pas prendre et distinguait parfaitement la main qui lui présentait le sucre.

III. M. Paul Duplessis, le romancier bien connu, auteur des *Boucaniers* et de bon nombre d'autres ouvrages remarquables, avait une chienne appelée *Littaud* qu'il aimait beaucoup. Or, un soir, rentrant chez lui, il fut frappé d'un coup de sang et tomba mort dans la rue des Martyrs. Son corps fut relevé le lendemain matin et transporté à son domicile. La chienne vint flairer et faire des avances à son maître étendu inerte sur son lit, mais ne recevant pas de réponse, elle se mit à pousser des gémissements plaintifs et refusa toute nourriture. Lorsque, le lendemain, on vint prendre le cercueil de Duplessis, on trouva la pauvre bête morte de chagrin dans un coin de la chambre.

IV. M. Goodhehere, de Birmingham, a communiqué à M. G. F. Romanes l'anecdote suivante :

Mon ami, M. James Canning, connaissait un petit chien métis qui sitôt qu'on lui donnait un penny ou un demi-penny le prenait dans sa bouche, courait à une boulangerie, et sautait sur le haut de la moitié inférieure de la porte qui barrait l'entrée de boutique, agitait la sonnette du dedans jusqu'à ce que le boulanger vint donner une brioche ou un biscuit en échange de sa pièce. Quand il n'y avait qu'un demi-penny il se contentait d'un biscuit, mais pour un

Fig. 1. — L'intelligence du chien.

penny il lui fallait une brioche. Un jour le boulanger, agacé par la fréquence de ses visites, prit son penny sans rien lui donner en échange; mais le chien ne s'y laissa pas reprendre, posant sa pièce par terre, il ne permit plus au boulanger d'y toucher avant de lui en avoir remis la valeur (1).

V. Un chien, appartenant à M. H., souffrait d'un rhumatisme dans une patte. Pour le soulager, j'ordonnais chaque soir l'application d'un liniment. Après le premier pansement le chien, trouvant le remède efficace, se couchait sur le côté afin de se faire soigner; or un soir, on s'aperçut que la fiole de liniment était épuisée, le chien voyant qu'on ne s'occupait pas de lui, témoigna si clairement son désir que son maître finit par prendre la fiole vide et frotta la patte de l'animal comme il avait l'habitude de le faire. Cela satisfit le chien qui s'endormit très ontent.

VI. Pendant plusieurs années, j'ai possédé un énorme terre-neuve qui répondait au nom de Friend (ami). Voici un de ses actes : J'habitais le collège et, comme les portes donnaient sur des bâtiments de servitude, j'avais pris l'habitude d'examiner chaque soir si elles étaient bien fermées. Pendant que j'accomplissais la fonction que je m'étais imposée, le chien me suivait gravement ; puis, lorsque la grande porte fut fermée, je caressais la tête du chien qui me regardait avec intelligenee comme pour me dire qu'il gardait la maison et se couchait sur le paillasson d'entrée. Je m'absentai une fois. Quel ne fut pas l'étonnement des professeurs qui virent, à l'heure du coucher, le chien marcher gravement de porte en porte comme

(1) G. F. Romanes. *L'Intelligence des animaux*, t. II.

pour en examiner la fermeture, puis aller dans chaque chambre examiner soigneusement les meubles, se traîner sous les lits, puis aller se coucher. Chaque fois que j'étais absent il ne négligea jamais cette précaution (1).

VII. J'ai vu, il y a deux ans, chez M. L. M. (un nom illustre dans la science), alors préfet d'Oran, un superbe barbet, fort intelligent, et qui se prêtait à d'intéressantes expériences. L'une d'entre elles, très commune, consistait à lui faire retrouver un objet caché; mais la façon dont il procédait mérite une attention particulière, car elle semble annoncer de véritables facultés de raisonnement. On le faisait sortir de l'appartement; une personne étrangère cachait un objet banal, de façon à diminuer autant que possible le rôle de l'odorat; puis on le faisait rentrer. En pareil cas, la plupart des chiens se précipitent comme des fous, vont, viennent, flairent, furètent avec ardeur en ramenant la queue, fourrent le nez sous tous les meubles et finissent par trouver ou ne pas trouver. Notre animal se conduisait d'autre manière. Il entrait et s'asseyait posément sur le seuil. De là, il examinait son monde avec attention, essayant de recueillir sur les physionomies quelque indice. Puis, il considérait l'appartement, pour voir si aucun meuble n'avait été dérangé, si rien d'anormal ne pouvait lui révéler la cachette. Il paraissait prendre le plan de la pièce et en noter dans sa mémoire les différentes parties, comme Auguste Dupin dans la *Lettre volée*, d'Edgar Poë. Cela fait, il se mettait en

(1) *Live Stock journal.*

quête lentement, explorant avec méthode et l'une après l'autre chacune des parties qu'il avait reconnues. Quand il avait trouvé ou quand il avait acquis la certitude que l'objet se trouvait placé en tel lieu qui lui était inaccessible, il restait calme, il apportait tranquillement l'objet ou il désignait par quelque manifestation discrète le point où il se trouvait. J'ai vu répéter l'expérience à diverses reprises dans des conditions identiques (1).

VIII. Une scène tragique s'est passée près de Vienne, dans le canal du Danube, au pont d'Ospein. Une femme convenablement vêtue se dirige vers le quai du canal, dans lequel elle se précipite. Un homme qui dans le même moment faisait promener son chien, jeta une pierre dans la direction où l'inconnue venait de disparaitre. Cette dernière, portée par le gonflement imprimé à ses vêtements, était remontée plusieurs fois à la surface de l'eau. Le chien la saisit au moment où elle surnageait et s'efforça de la ramener sur le rivage; mais celle qui attentait ainsi à ses jours s'opposait de toutes ses forces à son sauvetage et entraînait le généreux animal avec elle. Parmi la foule, saisie d'effroi à la vue de cette lutte terrible, qui dura moins de temps qu'il n'en faut pour la décrire, se trouvait un jeune soldat qui, sans hésitation, se jeta courageusement au secours de cette femme. Mais à peine l'eut-il saisie qu'il fut également entrainé au fond de l'eau, et dans l'espace de quelques secondes, femme, soldat et chien disparaissent dans le canal, où ils trouvèrent la mort.

(1) Ivan Lapaine (*Revue Scientifique*).

Le dévouement du soldat est, sans aucun doute, admirable, mais ne surpasse pas celui du chien (1).

IX. M. Romanes, précédemment cité, rapporte la curieuse observation ci-dessous, faite par sa sœur. C'est sur sa demande, et peu de temps après avoir constaté le fait dont il s'agit, qu'elle rédigea le récit suivant :

« J'ai un petit terrier qui, à l'âge de huit mois, n'avait encore jamais vu un tableau. Un jour, pendant qu'il était sorti, on apporta dans ma chambre trois portraits de grandeur presque naturelle, mais comme il manquait une tringle, on ne posa que deux des tableaux : le troisième fut laissé pour le moment adossé au mur. Lorsque mon chien rentra dans l'appartement, il parut tout alarmé à la vue des portraits, et se mit à aboyer sur un ton d'effroi de l'un à l'autre. J'entends par là qu'au lieu de les attaquer franchement, la queue en l'air, comme il l'aurait fait s'il s'était trouvé en face d'étrangers, il aboyait de loin avec violence et sans s'arrêter, la queue basse et le corps allongé ; parfois même, dans sa frayeur, il se réfugiait sous les chaises ou sous le canapé, tout en continuant d'aboyer. Pensant que c'était peut-être seulement la présence d'objets insolites qui l'excitait, je couvris d'une toile les deux portraits qui étaient en place, et tournai l'autre la face au mur. Bientôt le chien sortit de sa cachette, et après avoir regardé fixement les deux portraits voilés et examiné le cadre du troisième, il recouvra son calme et sa sérénité. Je m'amusai alors à les découvrir tour à tour à plusieurs

(1) Presse de Vienne (Autriche), septembre 1866.

reprises, et chaque fois il courut à celui qui se trouvait exposé en aboyant avec une fureur croissante. Ce n'était que quand les trois portraits étaient découverts à la fois, et qu'il rencontrait les regards de l'un ou de l'autre de quelque côté qu'il se tournât, qu'il devenait fou de terreur. Au bout d'une heure d'épreuves, il finit par cesser d'aboyer; mais la tension de ses nerfs n'avait pas encore entièrement disparu, et la moindre des choses le faisait tressaillir. A dater de ce jour, il ne fit plus la moindre attention aux portraits. Trois mois plus tard, je fis une absence qui dura sept mois et j'emmenai mon terrier avec moi. Lorsque je revins, j'entrai avec lui dans la chambre où se trouvaient les tableaux. Tout d'abord leur vue parut le troubler encore, car il s'élança vers l'un d'eux en aboyant comme au début, mais après deux ou trois éclats, il retourna auprès de moi avec l'air de confusion qu'il prend quand, par erreur, il a aboyé après une vieille connaissance. » (1)

X. Un grand propriétaire, M. B.., avait un chien de chasse nommé *Garçon*. Il était tellement bien dressé que, lorsque son maître lui disait d'aller chercher tel domestique (et il avait beaucoup de domestiques), le chien le prenait, où il se trouvait par le pan de son veston ou de sa jupe, et l'emmenait dans la chambre. Quand on lui disait : « Ne laisse pas sortir ce monsieur », le chien se mettait en travers de la porte, et le monsieur ne pouvait sortir à moins de s'exposer à être mordu. A table, on lui servait de chaque plat, et si, par exemple, au dîner, on lui don-

(1) Romanes. Loc. cit.

nait de la viande avant la soupe, il ne mangeait pas tant que le potage ne lui était pas servi. Si le maître lui disait de lui apporter soit les bottines, soit les pantoufles, il comprenait, car il apportait toujours ce qu'on lui ordonnait.

Il est donc clair que le chien se rendait compte de la signification de chaque parole du langage (1).

XI. J'ai été témoin, il y a quelque temps, d'un fait du même genre. Faisant en voiture un trajet assez long avec un de mes amis, M. L., qui possédait un petit bull-dog, nous nous arrêtâmes dans une auberge, le petit bull nous suivit et se coucha sous la table où nous nous étions assis. Ayant à maintes reprises témoigné à M. L. mon admiration pour son chien, il voulut me donner un exemple de son intelligence. Ayant sorti sa pipe et sa blague à tabac, il se mit à fumer; puis ayant soldé notre dépense, M. L. au lieu de remettre la blague dans sa poche la déposa au pied d'une chaise, sans que le chien puisse le voir, et nous remontâmes en voiture. Le petit bull gambadait autour de nous. Nous traversâmes ainsi deux villages, puis M. L. arrêtant soudain la voiture, appela son chien, et lui montrant sa pipe: « Va chercher la blague », lui dit-il, et comme le chien retournait sur ses pas dans la direction de l'auberge : « Plus vite que cela », lui cria son maître. L'animal partit ventre à terre et bientôt rapporta la blague à tabac demandée.

M. L. répéta plusieurs fois depuis la même expé-

(1) *Revue Scientifique.*

rience dans des auberges différentes et chaque fois elle fut couronnée d'un plein succès.

XII « La conscience, dit John. Franklin, a longtemps passé aux yeux des philosophes pour un don particulier à l'humanité. Je n'entends point les contredire, ni destituer notre race d'un privilège qui l'honore. Il faut pourtant que je dise ce que j'ai vu. Un chien de prix, élevé à la campagne mais amené à Londres par son maître, avait été soumis, pendant l'été de 1851, à une servitude pour laquelle les individus de la gente canine témoignent en général, — surtout dans les commencements, — une extrême répugnance. Je veux parler de la muselière. Le chien parcourait seul une des rues de Londres. De temps en temps il s'arrêtait, et, avec ses pattes de devant, cherchait à se débarasser de l'instrument odieux qui lui tenait la gueule captive. Je l'observais avec cette attention et ce sentiment de récelle sympathie que m'inspirent toutes les créatures vivantes. Les efforts de l'animal furent d'abord impuissants ; mais la patience vient à bout de tout, et, à force de frotter la tête contre le rebord du trottoir, le chien réussit à se délivrer. La muselière tomba, et le chien passa outre. Puis je le vis tout à coup s'arrêter. Le chien revint sur ses pas et, pris de remords, ramena lui-même la muselière, qu'il reporta tristement, mais fidèlement, à son maître. On répondra peut-être que le pauvre diable craignait les coups ; c'est possible, mais le maître de l'animal, avec lequel je fis connaissance ce jour-là même, était un homme doux qui traitait *Hector* en enfant gâté. Je suis donc autorisé à croire que les rudiments de la conscience — sinon la conscience elle-même — existent chez le chien ».

XIII. J'étais propriétaire de deux chiens, un épagneul mâle de forte taille et un ratier femelle aussi petit pour sa race que le premier était fort pour sa taille ; ces animaux m'accompagnaient partout. — Or il advint que M. le maire de la ville voisine de ma demeure crut bon d'interdire la libre circulation des chiens : ils devaient tous être muselés ou conduits en laisse. Me conformant à moitié à l'arrêté municipal, je me suis rendu au café principal de la ville en tenant mon épagneul au bout d'une forte corde ; la petite chienne était en liberté. — Arrivé dans la salle publique, le gros chien a été attaché au pied d'une table, et la distraction du jeu m'a bientôt fait oublier mes compagnons de route.

Un consommateur solitaire n'a pas tardé à observer le fait suivant : la chienne a invité le chien à la suivre dans ses gambades désordonnées autour du billard ; le chien, peu habitué à être captif, a fait quelques efforts pour se débarrasser de son lien ; puis reconnaissant l'impuissance de ses efforts, il s'est résigné à son sort et s'est couché. — Alors la petite bête, s'attaquant à la corde elle-même, s'est mise à la ronger, et elle allait parvenir à son but, lorsque l'observateur attentif crut bon de me prévenir.

J'ai forcé le chien à changer de place, j'ai essayé de distraire la chienne ; malgré mes efforts, elle est revenue à son travail ; elle n'a pas choisi une place nouvelle, mais la première, déjà attaquée et a fini par couper la ficelle. — Son triomphe a donné lieu à la course la plus désordonnée dans l'appartement. — Les témoins étonnés m'ont engagé à recommencer l'expérience ; elle a été faite deux fois encore et deux fois la petite chienne a coupé la corde qui retenait son compagnon.

Le rôle passif de l'épagneul, réputé très intelligent et qui l'était en effet, contrastait étrangement avec celui du ratier auquel je n'ai jamais pu apprendre quoi que ce soit (1).

XIV. « Certain terre-neuve, à ce qu'écrit M. W. F. Hooper à M. Romanes, précédemment cité, avait l'habitude d'accompagner la bonne qui portait l'enfant de sa maîtresse. Un jour qu'il soufflait un vent très vif, cette fille, voulant protéger le bébé, le recouvrit de son châle, mais à peine eut-elle fait quelques pas dans la direction de la maison pour s'en retourner que le chien se mit en travers du chemin. Chaque fois qu'elle essayait de passer outre, il grondait d'une manière si menaçante qu'elle en devint tout effrayée. Les caresses restaient sans effet, et déjà une demi-heure s'était écoulée en vains efforts de propitiation. Qu'avait le chien ? Allait-il la maintenir en arrêt toute la journée ? Lui sauterait-il à la gorge ? Etait-il pris d'hydrophobie ? Questions embarrassantes, qui se succédaient dans l'esprit de la bonne. A la fin, l'intensité même de son désespoir lui suggéra comme dernière ressource d'essayer de remettre le chien en bonne humeur en lui montrant le bébé, et obéissant à l'inspiration du moment, elle le débarrassa du châle et le présenta à bras tendu à l'animal. Le résultat fut

(1) (L. Davy.) *Revue Scientifique*.

pour ainsi dire magique, dépassant de beaucoup toutes ses espérances ; car, non seulement le chien cessa de gronder, mais il devint subitement caressant, témoigna sa joie par mille gambades et ne s'opposa plus au retour qui s'effectua rapidement. La clef du mystère la voici : lorsque la bonne crut avoir été assez loin et voulut s'en revenir, le chien ne voyant plus le bébé, crut qu'elle l'avait perdu et résolut dès lors de couper court au retour jusqu'à ce que l'enfant eût été retrouvé. Cette résolution, il la mit en pratique en sentinelle fidèle et ce fut seulement à la vue du bébé, sain et sauf dans les bras de sa bonne, qu'il quitta son poste. »

XV. L'exemple suivant, auquel allusion est faite en passant, dans la *Descendance de l'homme*, de Darwin, est emprunté à l'*Education des chiens*, du colonel Hutchinson. C'est M. Colquhoun qui le cite comme preuve de la sagacité d'un chien à lui : « J'avais lâché, dit-il, deux coups de fusil sur des canards sauvages dont me séparait un cours d'eau d'une certaine largeur, et j'en avais abattu deux, mais ils n'étaient que blessés. J'envoyai mon chien les chercher. Il essaya d'abord de les rapporter tous les deux, mais ne pouvant réussir à maintenir à la fois, dans sa bouche, qu'un de ses prisonniers récalcitrants, il déposa l'autre et se prépara à traverser avec celui qu'il avait. Mais sitôt qu'il se mit en route, l'oiseau qu'il avait laissé sur la berge voltigea jusqu'à l'eau, et il lui fallut aussitôt revenir, déposer son fardeau et rattraper le fuyard. Pendant ce temps, l'autre s'était également éloigné, mais il fut bientôt rejoint, et montant la garde sur les deux captifs, le chien parut réfléchir un instant; puis, ayant pris son parti (parti fort contraire à ses habitudes, car il respecte le gibier au point de ne pas en déranger une plume), il acheva l'un des blessés et revint le chercher après m'avoir apporté l'autre. »

XVI. Je puis confirmer ce récit par un autre de même nature, que je tiens de M. Blood. Etant un jour à la chasse avec un ami, il fit feu en même temps que lui sur des canards sauvages. — Trois bêtes tombèrent dans l'eau : l'une morte, les autres avec l'aile cassée. M. Blood ordonna à son épagneul de les lui rapporter, mais « naturellement quand les oiseaux blessés virent la chienne approcher, ils s'éloignèrent à la nage, de sorte qu'elle atteignit d'abord le canard tué. S'y arrêtant à peine, elle se dirigea vers le plus proche des deux autres, le rattrapa et après un moment d'hésitation et de réflexion apparente, lui donna un coup de dent qui le fit se tenir tranquille pour le moment. Libre alors de s'occuper du troisième, elle l'eut bientôt rejoint et l'apporta à terre; cela fait, elle revint au canard tué, mais s'apercevant que celui qu'elle avait mordu se démenait de nouveau, elle alla le saisir, le déposa sur la berge et put enfin ramener le mort. Cette chienne excellait à rapporter ; c'est-à-dire que jamais elle ne tuait un oiseau. » (1)

XVII. Deux enfants d'une douzaine d'années (cet âge est sans pitié) venaient de jeter dans la Seine un pauvre chien aveugle, à moitié mort de faim, et, avec une férocité toute humaine, car elle ne peut être

(1) Romanes. Loc. cit.

comparée à celle des plus terribles carnassiers, faisaient tomber une grêle de pierres sur la pauvre bête. A chaque instant le malheureux chien, atteint par un projectile, poussait un sourd gémissement, à la grande joie de ses bourreaux. Soudain un autre chien, *Vaillant*, appartenant à M. Guine, qui plus tard fit connaître cette histoire, se jeta à l'eau, et attiré par les gémissements de son pauvre camarade, se dirigea de son côté avec une agilité extraordinaire. « Comprenant tout le danger qu'il venait de s'imposer, dit M. Guine, *Vaillant* souleva son train de derrière de manière que le naufragé put y cramponner sûrement ses pattes de devant, sans pour cela gêner trop ses mouvements, et se remit bravement à nager de mon côté. Ses efforts furent couronnés de succès ; en quelques secondes il prit pied et se mit fièrement à secouer sa belle crinière, tandis que son camarade tombait épuisé à ses côtés. » (1)

XVIII. « En fait de misonéisme, dit M. Ivan Lapaine, je puis rapporter un fait sinon topique, au moins original. Il y a quelques années, quand j'administrais ie Djurjura de la Grande Kabylie, et que j'habitais au plein cœur de cet admirable région, un de mes employés possédait un singe, qui avait été capturé non loin du camp. Il l'avait nommé *Hippolyte*, et il s'était amusé, pendant l'hiver, à le vêtir à la façon des singes savants. Un jour cet animal fut pris de nostalgie ; il s'enfuit et regagna la montagne. Aussitôt l'effroi se répandit sur les cimes et dans les rochers ;

(1) A. Larbalétrier. *Le Chien, Histoire nature*, 1 brochure, Paris.

il y eut une révolution chez les tribus simiesques. »

XVIII. La *Revue scientifique* rapporte le fait suivant : Un chien nommé *Bijou*, fond blanc, frisé et tout petit appartenait à une de mes tantes, Mme P. Quand on lui disait de se coucher, il se couchait, et si on lui disait de faire le mort, il se renversait en laissant les pattes pendantes, la queue en bas, la tête tournée d'un côté et les yeux fermés. On le tirait par une patte sans qu'il bougeât. On disait : ressuscitons-le, et alors le chien sautait tout d'un bond. Sans doute il comprenait bien ce qu'on lui disait.

De même, s'il était prié d'imiter les loups. Il jetait rapidement la tête du côté de celui qui lui ordonnait, en faisant claquer ses dents, et cela avec beaucoup de dextérité. Si au contraire on lui ordonnait de secouer la robe d'une dame ou le pantalon d'un monsieur, *Bijou* prenait entre ses dents ce qui lui était indiqué, en secouant avec beaucoup de force, sans faire aucun accroc à l'étoffe.

Si l'on faisait semblant de battre sa maîtresse ou son maître, il sautait et les défendait, après quoi, demandait à être pris dans leurs bras pour s'assurer que rien de mal ne leur avait été fait.

XIX. M. Bénion rapporte dans son ouvrage l'histoire suivante :

Le 20 mars 1861, la ville de Mendoza, située dans les Cordillières de la République Argentine, fut détruite par un tremblement de terre. Rien ne resta debout; les plus hautes ruines ne s'élevaient pas à deux mètres du sol; quinze mille habitants furent ensevelis sous les décombres. Parmi les victimes ensevelies se trouvait un Français nommé Tesser; sa famille tout entière gisait avec lui sous les débris fumants.

Un de ses amis errait parmi les ruines; ses yeux étaient secs : il avait versé toutes les larmes. Il s'arrêta sur l'emplacement de la maison détruite; après en avoir vainement cherché la distribution, il allait se retirer, quand il aperçut le chien de Tesser qui remuait. Il s'approcha : le pauvre animal, dont les deux membres postérieurs et une partie du corps étaient brisés, s'efforçait, malgré ses souffrances, de fouiller les décombres avec ses pattes de devant. Dès qu'il vit cet ami de son maître venir à lui, il poussa un gémissement plaintif et s'agita plus vivement.

L'ami conçut l'espoir que Tesser n'était pas mort et comprit qu'il était dans les décombres. Il courut chercher quelques personnes et, avec leur aide et beaucoup de travail, il parvint à découvrir le corps du pauvre Tesser. Son bras et sa jambe gauche, pris sous des poutres, étaient brisés; sa bouche et ses yeux étaient pleins de terre, mais il respirait encore.

Après qu'on fut parvenu à le dégager, on lui lava la figure; il parut alors soulagé. Sans mot dire et instinctivement, il allongea son bras droit vers son chien, qui se traînant jusqu'à lui, expira quelques instants après.

XX. Un exemple d'hypocrisie et de malice, maintenant, pour clore cette longue série. Nous l'empruntons à M. Romanes, qui l'a publié il y a quelques années.

Il s'agit d'un terrier qui aimait beaucoup à attraper les mouches contre les vitres des fenêtres ; mais cela l'agaçait qu'on se moquât de lui quand il manquait son coup. Un jour, pour voir ce qu'il ferait, je fis exprès de rire d'une façon exagérée à chaque insuccès et, mon hilarité aidant, il se montra particulièrement maladroit. A la fin, son chagrin devint tel qu'en désespoir de cause il se mit à simuler une capture par des mouvements appropriés de sa langue et de ses lèvres et en frottant son cou contre le sol comme pour écraser sa victime, — après quoi il me regarda d'un air de triomphe. Il avait si bien joué sa petite comédie qu'il m'en aurait certainement fait accroire si je ne m'étais aperçu que la mouche était toujours sur la fenêtre. J'attirai son attention sur ce fait, ainsi que sur l'absence de tout cadavre à terre, et lorsqu'il vit son hypocrisie dévoilée, il se retira tout honteux sous un meuble. » (1)

Ces exemples suffiront pour faire voir que les chiens raisonnent certains faits ; il est difficile d'admettre après cela, que des naturalistes puissent encore refuser au chien *l'intelligence* pour ne lui accorder que *l'instinct*. Il faut n'avoir jamais vu de chiens, et surtout n'avoir jamais observé ces animaux pour soutenir sérieusement de pareilles hérésies.

Comme nul n'est parfait en ce monde, le chien, tout comme l'homme (mais moins toutefois que ce dernier), a ses défauts. Nous ne pouvons nier qu'il soit un peu batailleur ; les combats entre les chiens ne sont pas rares ; souvent aussi il applique son

(1) *Nature*, **vol. XII, p. 66.**

intelligence au mal, au vol et à la rapine par exemple, mais une éducation bien dirigée parvient souvent à enrayer et à faire disparaître ces petits défauts.

CHAPITRE IV

QUALITÉS ET APTITUDES DU CHIEN

Qualités. — Nous n'insisterons pas ici sur les qualités physiques du chien, telles que l'excessive finesse de son odorat par exemple, dont nous avons déjà parlé, nous nous occuperons surtout de ses qualités morales, qui, au moins autant que les précédentes, contribuent à faire du chien un animal éminemment utile, que l'homme emploie à bien des usages.

L'affection, la fidélité et le courage, telles sont les trois qualités maîtresses qui font du chien le meilleur des animaux domestiques.

Les exemples que nous avons cités dans le chapitre précédent montrent combien le chien est affectueux, dévoué et fidèle. Quant à son courage, personne ne peut le mettre en doute. Qui n'a entendu parler de ces chiens courageux n'hésitant pas à se jeter à l'eau pour sauver leur maître ou leur semblable ; d'autres, non moins vaillants, disputant aux flammes meurtrières des enfants au berceau, surpris par l'incendie !

Et ces admirables chiens du mont Saint-Bernard arrachant à la mort les voyageurs perdus, enterrés vivants sous des montagnes de neige ! Quel autre animal pourrait donc les remplacer dans cette noble tâche? Le poète Delille a immortalisé ces nobles bêtes dans des vers admirables que nous ne pouvons nous dispenser de reproduire ici :

O vous, soyez bénis, animaux courageux
Que nourrit Saint-Bernard sur un front orageux ;
Vous qui, sous les frimas qu'un long hiver entasse,
Des voyageurs perdus savez chercher la trace.
L'homme accourt à vos cris ; il enlève ces corps,
Dont le froid homicide engourdit les ressorts ;
Il se ranime, il prend une chaleur nouvelle ;
Le rayon de la vie en ses yeux étincelle,
Et l'art vient redonner, par ses soins triomphants,
Un époux à sa femme, un père à ses enfants.

Et ce brave chien d'aveugle conduisant son malheureux maître, sans se tromper, dans les rues les plus tortueuses, lui faisant éviter tous les obstacles, recueillant au moyen d'une sébille placée dans sa gueule, les aumônes qu'il va chercher partout, et, à la fin du jour, toujours fidèle et toujours dévoué ramenant son maître à sa demeure. Noble bête qui donne l'exemple à plus d'un fils, à plus d'une fille du *roi de la création*.

Ces beaux chiens de chasse quoique moins méritants à coup sûr, n'en ont pas moins leur utilité ; que d'intelligence, que de ruses ils déploient dans leurs courses effrénées, que de courage surtout, lorsque s'attaquant à des loups affamés ou des sangliers furieux, ils exposent cent fois leur vie pour apporter la proie au chasseur.

La force du chien a été utilisée de bien des manières par l'homme. D'abord le chien de garde, le chien de trait, le chien de contrebandier, le chien de guerre même.

Application du chien au trait. — Il n'y a pas de races spéciales pour le trait, tout chien bien doué, à charpente osseuse et à système musculaire développé pourra être attelé. En Belgique et dans le Nord de la France on attelle des chiens de toute sorte, mais on préfère ceux ayant le corps court et trapu, les membres larges, la tête forte, le cou épais, le rein ferme, la poitrine ample.

Ça été une grosse question, dans le temps (on ne s'en doute plus guère aujourd'hui), que celle de l'application du chien au trait. Il s'agissait, fait observer **M. E.** Gayot, de la faire interdire au nom de l'intérêt public. Les arguments en faveur de cette thèse ne manquaient pas ; ils se produisirent nombreux et furent soutenus avec une grande ardeur. La Société protectrice des animaux prit fait et cause pour les chiens, mais elle rencontra parmi ses membres un opposant qui plaida en sens inverse, de façon à replacer les choses sur le terrain de la froide raison. Ceci se passait en 1855 et mérite d'être rapporté tout au long. Ce n'est pas un ennemi de la gent canine qui a parlé en cette circonstance, mais un observateur sérieux. Il a donc combattu des idées fausses qui pouvaient avoir pour inconvénient de fausser les faits et de violenter en certains cas la libre disposition de l'animal. « J'ai cherché, dit fort bien **M. L.** Leblanc, j'ai cherché à faire comprendre que ces idées n'avaient pour mobile que de la sensiblerie. J'ai soutenu que dans des circonstances données, il était très raisonnable d'utiliser le chien soit comme animal de trait ou comme bête de somme, ou encore comme force motrice de quelque mécanique. » Le chien a droit à toute la sollicitude de l'homme, cela est incontestable; mais ce droit ne le met pas au-dessus de celui que l'homme, en civilisant cet animal, a acquis le droit de l'utiliser dans son intérêt le mieux entendu.

Ce n'est pas faire souffrir, ce n'est pas abuser d'un animal quelconque que de lui imposer, dans une juste mesure, de remplir la destination à laquelle il est devenu propre. Si cette proposition est vraie pour tous les animaux que l'homme a asservis à son usage, elle n'excepte pas le chien et ne l'exempte d'aucun des services dont il est capable. M. Leblanc a donc raison de répondre par la négative à cette question: est-ce maltraiter un chien fort, robuste et bien nourri, que de lui faire traîner un fardeau en rapport avec la puissance de traction qu'il peut raisonnablement fournir? « Voyez plutôt, dit-il, ces beaux chiens, si bien en chair, aux muscles fermes, si dispos, choyés comme des enfants et malheureusement quelquefois plus que des enfants, qui traînent lestement des charges proportionnés à leur force et à leur taille. Mais ils sont parmi les plus heureux de l'espèce et de la terre. S'ils travaillent, ils mangent bien et régulièrement: ils ne connaissent aucune des privations qui sont le régime habituel des chiens adorés, mais abandonnés des disciples de Mahomet. Ils ne connaissent ni la fatigue excessive ni les châtiments exagérés que subit le chien de chasse et ne sont exposés à aucun des dangers que celui-ci court incessamment dans l'exercice de ses aristocratiques fonctions. Ils sont de même à l'abri de l'obésité morbide des chiens de salon, que trop de tendresse prive de liberté et de mouvement, et ils ignorent « cette prison cellulaire très laborieuse, presque perpétuelle, du chien qui s'agite toute la journée dans la roue d'un atelier de cloutier ou de coutelier. »

Vous qui ne voulez point voir soumettre le chien de forte race et de grande taille au trait, jetez les yeux sur cette pauvre femme qui s'épuise à pousser elle-même une charette à bras pesamment chargée. Souffririez-vous que le chien dont elle a besoin et qu'elle nourrit pour garder sa demeure et défendre ses marchandises, chemine librement et gaillardement à son côté lorsqu'elle succombe? La maladie vient, et interdit à cette malheureuse de continuer un métier qui est au-dessus de ses forces; mais la faim oblige, son enfant prend sa place; il s'attelle et peine plus qu'il ne faudrait. Le chien est là, bien portant et vigoureux, tout prêt à donner son concours, et vous lui ordonneriez l'oisiveté, et vous lui imposeriez la fainéantise! Non, il a droit au travail, et ce serait bien mal que de lui défendre. La liberté est bonne en tout; n'ôtez pas au travailleur qui peut se faire aider les moyens d'appeler à son secours les forces du chien avec lequel il partage le vivre et le couvert.

On a cherché dans l'organisation du chien les arguments qu'on pourrait faire valoir contre ceux qui l'attellent pour lui imposer l'action de tirer. En exagérant les faits on arrive à des raisons spécieuses. Il est vrai que la structure mécanique du chien est moins favorable au tirage que celle du cheval ou du bœuf, mais il ne s'agit pas de lui imposer une tâche impossible. Or l'expérience a manifestement démontré que le chien, harnaché avec soin et attelé avec intelligence à une voiture basse, est capable d'efforts soutenus et d'un travail très appréciable. Si cet animal a les articulations très mobiles et les extrémités flexibles, il a, par contre, une grande puissance musculaire et une colonne vertébrale très rigide. Ce qu'on demande, ce n'est pas de l'excéder ni de le surmener, mais simplement la liberté de l'utiliser dans la mesure de ses aptitudes et de ses moyens.

Ainsi envisagée, la question rentre dans ses termes généraux et rationnels.

Il est clair que le chien qu'on attelle doit l'être avec intelligence, j'allais dire avec science. Les harnais doivent être confectionnés à sa mesure et convenablement ajustés. Le collier lui convient mieux que la bricole. Celle-ci laisse moins de liberté aux mouvements de l'épaule et celui-là offre aux traits un point d'attache plus élevé, plus favorable de beaucoup à l'emploi utile des puissances musculaires. Les roues des voitures à trains seront assez basses pour que les forces transmises agissent dans la direction des limons sans être décomposées et perdues en partie pour le déplacement du fardeau.

L'application du chien au trait est usuelle chez maintes peuplades pauvres ou peu civilisées. Elle y est sûrement d'un ordre moins élevé que l'emploi au travail d'animaux supérieurs en taille et en force matérielle, mais, comme à la plus belle fille du monde, on ne peut lui demander de donner que ce qu'elle a. Telle quelle, néanmoins, elle suffit aux besoins, et cela seul est déjà considérable.

On objecte que les attelages de chiens peuvent faire naître certains accidents, et l'on argue de cela pour exciter à les interdire. Tous les accidents sont dans la nature. Ceux qui ont été causés par des chiens attelés auraient pu l'être, *a fortiori*, par des chiens libres. Le mal n'est venu ni des harnais, ni du véhicule, ni du chargement de ce dernier. En soi donc, l'attelage n'y est absolument pour rien.

Le point à régler ici, c'est le moyen de contenir et de diriger les animaux attelés. Il serait puéril de s'y arrêter, car il n'y a là aucun problème à résoudre, aucune difficulté théorique à surmonter.

Les Anglais, ces grands théoriciens de la protection, ont cherché querelle et livré bataille à ceux qui demandent la liberté de faire travailler les chiens. Ils sont bien comme celui de l'Evangile qui aperçoit un fétu dans l'œil du voisin et ne sent pas la poutre qui est dans le sien. Ils ne veulent pas que le pauvre attelle son chien, eux qui exténuent sans souci, follement, pour le plaisir d'en finir plus vite, ces magnifiques meutes dont l'entretien et la conservation sont si pénibles, dont le dressage s'accompagne fréquemment des corrections les plus cruelles, eux qui ont imaginé les courses pour poulains de dix-huit mois.

Utilisation du chien à d'autres travaux. — Les chiens sont encore employés quelquefois pour tourner la roue des couteliers et les tambours destinés a faire marcher les soufflets des couteliers.

Trois chiens, dit M. Bénion, suffisent ordinairement pour tourner la roue du cloutier pendant une journée, et leur nourriture n'équivaut pas à la dépense d'un homme, ce qui fait que ces animaux doivent plus que jamais être employés à des travaux de ce genre. D'autre part, il arrive fréquemment qu'un coutelier a besoin de faire marcher ses meules à jours et à heures déterminés, ce qui lui serait impossible sans chien, car il n'a pas toujours sous la main un aide dont il puisse disposer. Le chien tourne dans l'intérieur de la roue à l'instar de l'écureuil dans le tambour en grillage annexé à sa cage. L'éducation de ce chien est plus longue à faire que celle du chien d'attelage. Le travail qu'on lui demande est si difficile et si dur, qu'il faut user de beaucoup de patience et de douceur à son égard pour ne pas le rebuter. On le met dans une roue qu'on tourne lentement, en l'engageant à marcher doucement d'abord, puis rapidement. Cet exercice, successivement repris et augmenté graduellement, habitue le chien à travailler seul au bout de quelques jours. Celui qui se sert ainsi de cet animal doit en avoir plusieurs, car la fatigue exige qu'ils ne travaillent pas longtemps sans être remplacés.

Chiens employés pour la garde des troupeaux. — C'est dans les chiens de berger que se trouve l'utilité par excellence, l'utilité absolue. Les services qu'ils ont rendus à l'homme, ceux qu'ils continuent à lui rendre sont de telle nature qu'on se demande quel n'eût pas été son embarras, quel n'eût pas été son impuissance si Dieu avait pu oublier de les créer. Ils ont certainement occupé la première place, à côté du maître, chez tous les peuples pasteurs ; ils occupent encore une place considérable chez les peuples civilisés. Il n'en est pas qui travaillent autant, ni qui travaillent d'une manière si profitable. Serviteurs sans gages, précieux domestiques, ils payent à très gros intérêts les quelques attentions qu'on a pour eux et notamment celle de ne pas les laisser se mésallier (1).

Très ancien, le chien de berger a traversé les divers âges du monde en restant lui-même, en se conservant partout le même. C'est un type si accentué que Buffon avait vu en lui la souche commune de toutes les races connues, le père de l'espèce. Je le regarde, écrivait le célèbre naturalisle, comme le vrai chien de nature et il se trouve dans presque tous les pays du monde (2).

Dans la suite de cet ouvrage, nous aurons à plusieurs reprises occasion de revenir sur le chien de berger.

Utilisation des chiens pour la chasse. — L'homme a compris de bonne heure la nécessité d'utiliser le chien et de le dresser à cet exercice. Sans son secours, il ne pourrait parvenir à détruire les animaux

(1) Eug. Gayot. *Le Chien*, p. 137.

(2) Nous avons vu au chapitre II, ce qu'il fallait penser de cette manière de voir.

sauvages et nuisibles; pour le gibier ordinaire, il lui faut également son concours.

A la chasse, il est vraiment beau, car ses qualités instinctives se réunissent à ses qualités acquises. Lorsque le cor ou la voix des hommes se fait entendre, lors même qu'il les voit simplement prendre des armes et se disposer à partir, il frémit, il est impatient, il gambade et annonce par ses cris l'envie de de marcher et de vaincre. Sur le terrain, on le voit courir, flairer le passage du gibier, chercher ses traces, essayer de le surprendre. Le chien d'arrêt garde le silence, marche doucement; lorsqu'il approche de l'objet convoité, il rampe, puis s'arrête et regarde son maître comme pour lui faire comprendre que sa mission est terminée et que la sienne commence. Quand il a saisi le gibier abattu, il refoule ses convoitises et l'apporte, donnant ainsi l'exemple de la soumission et de la tempérance.

Le chien courant, par ses cris, indique la nature du gibier et la distance qui le sépare de lui. L'animal poursuivi a beau épuiser ses ruses, se jeter de côté par un bond rapide, revenir sur ses pas, sauter les fossés, franchir les ruisseaux, traverser les cours d'eau à la nage, se cacher dans le creux des arbres, rien ne trompe le chien et ne le met en défaut (1).

Chiens de contrebandiers.— L'homme a non-seulement utilisé le chien pour faire le bien, mais encore pour lutter contre l'autorité et les institutions existantes. Un des meilleurs exemples de cette appropria-

(1) Bénion. Loc. cit.

tion est le chien de contrebandier. Sur la frontière belge, dit à ce sujet M. Léon Dormoy, la contrebande par les chiens est fort pratiquée, et c'est incontestablement une des plus difficiles à prévenir.

Les contrebandiers de cette région sont admirablement servis dans leur industrie par l'intelligence et la force de leurs complices à quatre pattes. Ces animaux, de la race des *doguins*, sont beaucoup plus intelligents que les dogues anglais ; ils ont l'odorat très développé, l'ouïe très fine, ils sont robustes et rendent de grands services comme chien d'attelage pour les petits transports. Ils sont également excellents comme chien de garde.

Les contrebandiers utilisent toutes ces qualités pour introduire en France, par leur intermédiaire, sans payer de droits de douane à la frontière, nombre d'objets, notamment des cigares, des bijoux et des dentelles.

Ces chiens sont soumis à une éducation toute spéciale qui a pour but de leur apprendre à se rendre, au commandement, d'un point situé en Belgique à un autre point situé en France, et « vice versa ».

Mais, pendant ce trajet, ils doivent éviter toute rencontre et surtout celle des gendarmes et des douaniers.

Ils ne voyagent que la nuit ou au crépuscule, évitent les routes et les sentiers battus.

Merveilleusement servis par leur odorat, ils ne franchissent un espace que s'ils sont assurés qu'il n'y a absolument rien de suspect devant eux.

Le contrebandier possesseur du chien fait le même

trajet, mais plus directement, à pied, en voiture ou en chemin de fer : sous les apparences d'un honnête commerçant ou d'un brave cultivateur, il se soumet sans crainte à la visite des douaniers. Pour apprendre au chien à connaître sa route, on le laisse, parait-il, jeûner pendant quelques jours ; puis son maître se rend à la prochaine station, de l'autre côté de la frontière.

Un complice alors, tenant le chien en laisse, le conduit par des chemins détournés, rejoindre son maître : là, le chien trouve une pitance abondante et des caresses.

La même manœuvre se fait pour le retour, et après quelques voyages, le chien sait parfaitement qu'il a deux domiciles, qu'il peut prendre sa nourriture dans deux endroits différents et il sait enfin où il pourra retrouver son maître.

Ce premier point acquis, il est facile de lui inspirer la crainte des douaniers, des gendarmes et même des simples passants rencontrés sur la route.

Pour cela, alors que le chien est encore sans méfiance et cherche le plus court chemin, son maître charge un complice de se déguiser en douanier et de s'embusquer sur le passage de l'animal, dans le but de le surprendre, de l'effrayer, d'essayer de l'atteindre, de le battre à coups de bâton, de lui jeter des pierres et même de tirer sur lui des coups de feu.

Après deux ou trois épreuves de ce genre, le chien a la crainte des rencontres ; la vue de tout uniforme lui cause une terreur profonde, il a acquis, dès lors, une prudence suffisante.

On commence à lui faire transporter d'un pays à l'autre de légers paquets.

Le chien est dressé et est susceptible de faire, au profit de son maître, une lucrative contrebande. Ce système d'éducation a généralement pour résultat de rendre les chiens à demi-sauvages et méchants pour tout autre que pour leur maître.

Il y a des exemples de femmes et d'enfants attaqués par des chiens contrebandiers. D'autres fois, ils se jettent sur les troupeaux. Certains chiens contrebandiers sont restés légendaires.

On a gardé le souvenir, à Maubeuge, d'un chien « *Malin* » qui, en quelques années, fit la fortune de son maître.

Celui-ci était un pauvre diable, parvenant difficilement à nourrir sa femme et ses enfants. Un jour, pour ne pas mourir de faim, il se décida à tenter la contrebande.

Il dressa son chien, emprunta quelque argent et alla en Belgique acheter des dentelles qu'il put introduire en France sans encombre.

Cette première opération fut fructueuse. Il la répéta. Au bout de quelques années, il était propriétaire d'une maison et voyageait de France en Belgique dans un élégant tilbury. Mais les douaniers ayant été prévenus, la tête de *Malin* fut mise à prix ; on dressa contre lui des embuscades; ce fut une lutte de ruse entre le chien, le contrebandier et les douaniers. *Malin* était un chien blanc et son signalement avait été donné à tous les postes de douane : son maître le teignait successivement en brun, en jaune, en noir.

De son côté, le chien était fort habile à se dérober. Un jour, il passa la frontière à côté d'un troupeau de mouton, confondu avec eux ; un autre jour, il fit une partie de la route trottant sous une voiture qui conduisait un inspecteur des douanes.

Malin eut une mort tragique : poursuivi par des douaniers, il voulut traverser l'Escaut à la nage, mais il fut atteint par une balle et expira sur la rive du fleuve.

Il avait sur lui pour plus de 15,000 francs de dentelles des plus rares.

On voit, par ce qui précède, quelles aptitudes il est possible de développer chez les chiens.

Les chiens de guerre. — L'idée d'utiliser les chiens à la chasse à l'homme n'est pas née d'hier. Nous avons vu au chapitre II de cet ouvrage que les anciens avaient déjà utilisées, dans ce but, les merveilleuses facultés de cet animal.

Plus tard, les Espagnols comprirent toute l'utilité qu'il pouvaient tirer du chien : ils poussèrent jusqu'à la perfection l'art facile de la chasse à l'homme, ceux qui allaient porter chez leurs malheureuses victimes les lumières de l'Evangile. Sous prétexte de supprimer d'horribles sacrifices humains qui immolaient chaque année au soleil quelques victimes, ils firent étrangler par leurs chiens un nombre immense d'Indiens inoffensifs. C'est la logique de tout conquérant. « Leurs chiens se précipitaient avec rage sur les hommes nus, tout comme s'ils avaient eu affaire à des sangliers ou à des esclaves en fuite » (1).

C'est aux Romains que les Espagnols avaient emprunté la méthode d'après laquelle ils dressaient leurs chiens de combat. Tout jeune encore, le chien était sans cesse agacé par des enfants. Plus tard, lorsqu'il approchait de l'âge adulte, on l'excitait, on l'attaquait, l'épée à la main; on le faisait combattre jusqu'à ce que, fatigué, il se retirât du combat honorablement, c'est-à-dire la gueule tout ensanglantée, laissant le serf, le bestiaire chargé de son éducation, soit vaincu, soit tout en lambeaux. Après le combat, le chien était attaché soigneusement et il ne lui était permis d'errer en liberté que quand il était devenu excellent défenseur. On attaquait alors son maître l'épée à la main; le chien le défendait, et, peu à peu, s'habituait à le préserver de toute surprise (2).

Cette éducation féroce était-elle bien nécessaire? Il est permis d'en douter. Un jour, Pétrarque (3) fut attaqué par un assassin; son chien sauta sur le misérable et lui arracha des mains l'épée nue. Certes, Pétrarque n'avait pas dressé son chien à ce manège.

Disons à la gloire des Français que jamais ils ne commirent pareille lâcheté. Quand ils déchaînèrent leurs chiens de combat, c'était, ou bien sur les chiens de leurs adversaires, ou sur des guerriers bien munis d'armes défensives et offensives, ou bien sur la cavalerie ennemie. Au XIVe siècle, ils dressaient

(1) Petrus. *Martyr*.
(2) Blondus d. (Cité par Conrad Gessner.)
(3) Pétrarque.

à cet effet des sortes de dogues, dits *chiens alains* (1). Le corps de ces chiens était préservé par un vêtement de cuir recouvert d'écailles imbriquées de même matière. Sur les épaules était fixé un petit vase de cuivre enduit d'une matière résineuse et garni d'une éponge imbibée d'alcool. De la base de cette écuelle partait, se dirigeant en avant, une pointe longue et acérée; garantis par leur cuirasse contre les brûlures et les coups qu'on leur pouvait porter, ces chiens se jetaient sur les chevaux qu'ils piquaient, brûlaient, mordaient à belles dents et produisaient dans les rangs de la cavalerie ennemie un désordre inexprimable (2).

Aujourd'hui, malgré la transformation complète du matériel et de l'art de la guerre, il est de nouveau question des chiens d'armées. En effet, parmi les nouveaux éclaireurs que les armées modernes sont appelées à utiliser sur le champ de bataille, le chien, sans contredit, est un de ceux qui rendront le plus de services. C'est ce qui, certainement, en a fait pour l'art de la guerre, le sujet d'observations fort intéressantes, tant en Allemagne qu'en France et en Russie. (L'Autriche et l'Italie n'ont, à son égard, pris encore aucune décision.)

Les expériences concluantes qui ont été faites jusqu'à ce jour donnent plus que des espérances. Aussi, loin de restreindre l'emploi des chiens militaires, suivant les prescriptions du général Logerot, va-t-on, au contraire, étendre les essais à plusieurs

(1) Manuscrit du XIVe siècle.

(2) M. J. Meunier. *Revue scientifique*, 1887, t. II.

corps d'armée. Lors de la dernière revue trimestrielle (1888), on a été à même d'admirer la bonne tenue de nos nouveaux troupiers à quatre pattes.

Leur équipement, dit M. Dormoy, auquel nous empruntons ces détails, consiste en une ceinture passant sous le ventre et reliant deux poches de cuir destinées à recevoir les plis et communications diverses concernant le service en campagne, mots d'ordres, mouvements partiels, reconnaissances, régions à surveiller, etc.

Ces chiens sont, en outre, munis d'un collier portant le numéro matricule du régiment. Chaque animal, pour l'instruction, est confié à un soldat qui ne le quitte pas ; la section canine est sous les ordres d'un lieutenant. Le chien est traité avec douceur, bien soigné ; il affectionne ses maîtres et tout ce qui porte le pantalon rouge. Pour s'assurer son précieux concours, pour exciter son zèle et développer son instinct, chaque fois qu'il a bien exécuté son mouvement et compris sa leçon, il est comblé de caresses. C'est d'après la même logique qu'il est puni lorsqu'il fait preuve de mauvais vouloir.

Ces chiens ne sortent pas en ville afin de les familiariser exclusivement avec la vue du costume militaire français, point important que, dans cette première partie de leur instruction, on cherche à atteindre.

A certains moments, dans les exercices et dans les marches militaires, leur conducteur s'écarte de la route suivie et, à une distance de plus en plus éloignée, il lâche le chien pour l'accoutumer à rejoindre le corps de troupe.

Jusqu'ici ces essais ont, paraît-il, très bien réussi, et sous peu, les chiens militaires joueront certainement un rôle important dans la transmission des ordres relatifs aux mouvements combinés d'attaque et de défense.

D'ailleurs, l'instinct et le flair de ces animaux étant très subtils, on cherchera plus tard à les astreindre à des services plus compliqués et sans doute plus dangereux.

Ainsi, le chien sera dressé, cela va sans dire, pour faire un excellent éclaireur, pour « partir en reconnaissance », opération si délicate, si périlleuse en temps de guerre, qui consiste à vérifier où se trouve l'ennemi, quelles sont ses intentions, et cela sans se découvrir soi-même. A cet effet, on apprendra d'abord au jeune chien à distinguer un soldat français d'un ennemi ; car, en campagne, il faut qu'à la vue de ce dernier, il retourne immédiatement au poste qui attend ses renseignements.

Or, connaissant la vitesse du chien qui a été exercé à ne pas s'amuser ou flâner dans l'exercice de ses fonctions, on peut, d'après le temps qu'a duré son absence, juger approximativement, mais sans erreur préjudiciable, à quelle distance se trouve l'ennemi.

Le service d'éclaireur sera donc confié aux chiens, de concert avec les pigeons voyageurs, les dragons, les hussards, chasseurs à cheval et les vélocipédistes.

Le 55e régiment de ligne, qui tient garnison à Montpellier, a reçu un certain nombre de chiens affectés au service des avant-postes. Dans les diverses sorties effectuées par le régiment, on a pu voir ces animaux derrière les tambours et les clairons, tenus chacun en laisse par un soldat, et non encore accoutumés à l'appareil militaire, car ils aboyaient comme leurs congénères au bruit des airs de marche.

Divers régiments des 15e, 16e et 17e corps vont être successivement pourvus de ces intelligents quadrupèdes (1).

Comme on le voit, les chiens peuvent être utilisés à bien des fins, et, dans ce chapitre, nous n'avons pas parlé des chiens de luxe et des chiens employés à la garde des habitations. Enfin dans les laboratoires de physiologie on fait une grande consommation de chiens. C'est sur ces animaux qu'on a fait les plus belles découvertes de la physiologie.

(1) Léon Dormoy. *Les Chiens de guerre*.

LIVRE DEUXIÈME

LES RACES CANINES

CHAPITRE V

CLASSIFICATION DES RACES

Les croisements. — C'est là un fait général chez tous les animaux domestiques que les croisements sont excessivement nombreux et qu'il devient de plus en plus difficile de rencontrer des races pures. Mais, dans aucun genre, ce fait n'est poussé aussi loin que dans le genre chien et ici nous ne faisons allusion qu'au chien domestique, bien entendu.

En ce qui concerne la formation des nombreuses races canines actuellement existantes, le naturaliste Daubenton s'exprime de la manière suivante :

C'est par la domesticité, dit-il, qu'on a developpé dans les chiens toutes les propriétés de leur nature. Les divers climats dans lesquels ils ont été transportés, les diverses nourritures qu'on leur a fait faire, ont produit des différences dans la forme de leur corps et dans leur instinct. Lorsque les différences ont été assez sensibles pour être remarquées on a eu soin de les perpétuer ; on les a même augmentées en faisant accoupler des individus doués des mêmes qualités. De là sont venues des races nouvelles et distinctes.

Ces races sont, pour ainsi dire, avouées de la nature, puisqu'elles se maintiennent dans la suite des générations et les caractères qui les constituent sont les plus naturels à l'espèce considérée dans l'état de domesticité, puisqu'ils se sont développés avant ceux des chiens métis : ainsi les barbets, les danois, les bassets, les levriers, etc., se perpétuent sans altération sensible, chacun dans sa propre race. Mais lorsqu'un barbet et une danoise ont produit un métis qui porte des caractères des deux races, si ce métis s'accouple avec un barbet ou un danois, les caractères du métis disparaissent dans cette génération, et la nature rétablit en entier ceux du barbet ou du danois.

On voit de même que, dans les accouplements de deux métis provenus, l'un d'un barbet et d'une danoise, l'autre d'un basset et d'une levrette, le mélange des caractères de ces quatre races ne peut guère se faire en proportion égale relativement à chaque race; car, quoique cela ne soit pas absolument impossible, il faudrait un hasard fort extraordinaire pour qu'il se rencontrât dans le même temps et dans le même lieu, deux métis de cette nature, l'un mâle et l'autre femelle, et tous les deux disposés à s'accoupler. En supposant même toutes les circonstances réunies, elles ne suffiraient peut-être pas encore pour empêcher que l'une des quatre races originaires ne reparut dans le produit de cet accouplement, puisqu'il n'est guère possible que les individus qui viennent de ces deux métis reçussent précisément autant de caractères des unes que des autres des quatre races qui auraient produit les deux premiers métis.

Il arrive presque toujours qu'à la première génération un métis a plus de caractères de l'une que de l'autre des races principales dont il sort. Dans ce cas, les caractères dominants passent au second métis, et peuvent, dès cette seconde génération, rétablir l'une des races originaires. Ce rétablissement doit se faire bien plus facilement et plus vite, si chacun des deux métis a eu pour mère un individu de même race ; par exemple, si l'un des métis vient d'un barbet et d'une danoise, et l'autre d'un barbet et d'une levrette, alors les caractères du barbet doivent l'emporter dans la seconde génération sur ceux du danois et du lévrier, par conséquent les deux métis peuvent souvent produire de vrais barbets.

C'est ainsi que les races de chiens se perpétuent et renaissent, pour ainsi dire des métis. Sans cette tendance qu'a la nature à conserver et à rétablir les races principales, le mélange fréquent des différentes races les altérerait et les ferait disparaître en peu de temps, car il est certain que les chiens se mêlent indistinctement. La levrette en chaleur reçoit indifféremment le barbet, le basset, etc., comme le lévrier ; et réciproquement, le barbet et le basset se rapprochent de la levrette aussi fréquemment que des femelles de leur race. C'est pourquoi les races qui ont moins d'individus que les autres dans un canton, se dénaturent bientôt et s'éteignent entièrement. En Bourgogne, les mâtins sont beaucoup plus nombreux que les lévriers ; aussi n'y a-t-il presque plus de lévriers qui ne participent de la nature et de la figure du mâtin. Si l'on croisait la race, comme pour les chevaux, on pourrait la rétablir. Je suppose que l'on fît venir d'ailleurs des lévriers et des levrettes en plus grand nombre que les mâtins, on verrait la race des lévriers reparaître dans la suite des générations, se perfectionner et se perpétuer ; mais, en laissant les chiens de différentes races séparément les uns des autres, on prévient tout mélange et par conséquent toute altération, si ce n'est celle que ce climat peut produire.

Prenant les choses à leur source, fait observer M. Gayot, on voit l'espèce se diviser successivement en branches distinctes, bientôt plus ou moins séparées, plus profondément dissemblables sous les influences divergentes du climat, des nourritures et des impressions diverses reçues par les parents. Il est certain que le froid et l'humidité déterminent d'autres effets que le chaud et le sec, et que, entre ces extrêmes, se trouvent des nuances, de nombreux intermédiaires. Ceci n'est qu'un variement parmi tous les agents modificateurs de l'économie ; donc, *ab uno disce omnes*. Il est facile de se rendre compte à présent pourquoi, tout en provenant de la même filiation, les divers produits d'une même espèce, insensiblement et profondément modifiés, présentent des groupes variés offrant entre eux de notables différences.

Si elles sont fixes, transmissibles par la génération, si elles passent avec constance des auteurs à leurs descendants, ces dissemblances constituent des races.

Une fois créées, les races ne se conservent que par la *génération en dedans;* c'est le *breeding in and in* des Anglais et par une sélection judicieuse, très-sévère des reproducteurs. En d'autres termes, on ne maintient l'homogénéité, la pureté d'une race qu'en ne la mêlant à aucune autre et qu'en ne confiant la tâche de la répéter toujours qu'aux plus dignes, à ses représentants les plus élevés, les plus complets à tous égards. Dans ce cas, la consanguinité, si elle ne s'attache qu'aux perfections, devient d'un secours immense, un moyen très puissant et très efficace.

Si dans la pratique on conservait aux mots leur exacte signification, on commettrait moins d'erreurs contre la science et l'élevage ne serait pas découragé par des mécomptes aussi nombreux. Malheureusement il n'en est pas ainsi, et l'on donne l'appellation de races à des groupes accidentellement formés, comme ceux que Daubenton vient de définir avec tant de soin sans avoir assez nettement exprimé leur valeur.

Je n'ai rien à reprendre à ses deux premiers alinéas, continue M. Gayot, loin de là, je trouverai bientôt à les affirmer et à les confirmer.

Viennent ensuite, dans le suivant, des exemples de croisement multiples, diffus et confus, très fréquents dans la pratique et desquels il ne peut sortir rien de bon ni d'utile. C'est là tout ce que je doive en dire.

Le quatrième alinéa imagine une théorie mauvaise, controuvée, dangereuse. Elle suppose qu'après le mélange de plusieurs races entre elles, il est aisé de revenir à l'une d'elles, de rétablir l'une des races originaires. Cette opinion ne repose sur rien de fondé. « Les vrais barbets, » sauvés du métissage de la façon indiquée, seraient de très mauvais reproducteurs et gâteraient à toujours la famille des barbets, jusque-là préservée de tout mélange, dans la reproduction de laquelle on commettrait la faute de les faire intervenir.

C'est ainsi qu'ont pullulé tous ces chiens sans nom et qu'on rattache à tort, par une facilité de langage pleine d'inconvénients, à des races spécialisées. Cette manière de faire des mâtins ou des lévriers ne donne que de fausses races, ce qu'on a appelé des races mâtinées, ce qui n'est, à proprement parler, que le produit hétérogène de la bâtardise.

Du reste, rien mieux que l'étrangeté de ces produits ne montre l'influence même du procédé, du mélange des individus, sous prétexte du croisement rationnel des races. Pour s'en faire une idée, il suffit de jeter un regard sur l'ensemble de nos animaux domestiques et d'en constater la situation quant à la race. Que de variétés aux caractères fugaces, éphémères, dans chaque espèce et dans le cercle restreint d'un petit pays ! C'est que le croisement des races n'y a rien de rationnel; c'est qu'il se fait là sans suite, sans savoir, sans choix, sans distinction et qu'il en résulte des mélanges sans fin, sans but, une confusion inextricable, des animaux sans nom, presque sans valeur, et n'offrant en réalité que la moyenne de tous les défauts, des imperfections particulières et propres à leurs ascendants. Telles sont nommément les bêtes vulgaires désignées sous le nom de chiens de rues, ou sous celui de chats de gouttières, parce qu'ils résultent du hasard de la promiscuité libre des sexes. Il y a néanmoins à faire ici quelques réserves pour des explications atténuatives qui viendront plus loin.

Aussi, loin de pousser au croisement des races, la zootechnie moderne le condamne. Le condamner d'une manière absolue serait une faute. Le croisement est une puissance, mais il ne faut pas en donner le nom à des opérations qui ne lui ressemblent en rien et qui, en usurpant sa qualification, ne suivent aucune de ses règles à l'encontre desquelles vont tous leurs résultats.

C'est dans le but du croisement qu'il faut en chercher la définition et la valeur. On ne mêle deux races ensemble que pour en obtenir un produit différent, ayant des formes, des aptitudes spéciales, susceptibles de rendre des services d'une nature particulière et qu'on n'obtiendrait pas au même degré des animaux employés au croisement. Il en résulte alors une race intermédiaire, d'abord indécise quant à sa fixité ; mais avec le nombre des générations, et grâce à la sélection, elle se confirme dans toutes ses qualités, dans toutes ses attributs et acquiert la constance qui l'étabit définitivement, qui la constitue en lui donnant son nom et sa force.

On conteste au croisement le pouvoir de créer des races. Il donne des individus, dit-on ; il fait des produits améliorés, mais il ne fait pas des reproducteurs. Il n'élève aucun de ces résultats jusqu'à la fixité, jusqu'à cette qualité précieuse en vertu de laquelle les races se soutiennent par elles-mêmes et se perpétuent en quelque sorte spontanément, du fait de leur virtualité propre.

Il en est ainsi, je le reconnais, des mélanges incohérents qui s'opèrent entre animaux de sangs mêlés. Il n'en est plus de même de l'union d'animaux choisis dans les races dignes de ce nom. Mariés entre eux, les premiers n'offriraient aucune certitude héréditaire, comment exerceraient-ils une meilleure influence dans leur union avec des animaux aussi peu fixés qu'eux-mêmes? Ils retombent dans la catégorie des croisements diffus, des mélanges hétéroclites qui ne doivent pas en prendre le nom et, conformément à la loi d'hérédité, qui n'a pas deux poids et deux mesures, ils produisent semblables à eux: animaux de hasard, sans antécédents héréditaires, ils donnent des éphémères.

Autre est le résultat d'un croisement qui s'arrête au premier degré pour faire retour, sans plus attendre, à l'une des deux races croisées.

J'en ai trouvé un exemple très saisissant dans les expériences tentées par M. Flourens entre deux espèces considérées par lui comme différentes, celles du chacal et du chien. J'en trouve une autre non moins remarquable, fourni par le même croisement, opéré entre le bouledogue et la femelle du lévrier. Je le prends dans un livre de M. Robinson (1). Les

(1) *Le Chien de chasse.*

faits y sont ainsi racontés: Les personnes qui n'ont pas eu la preuve du contraire pourraient supposer qu'il faut un grand nombre de croisements successifs pour faire disparaître les formes lourdes et pesantes du bouledogue, mais l'expérience prouvera qu'à la troisième génération, il ne reste que bien peu de traces du bouledogue, et qu'à la quatrième les formes extérieures ne trahissent plus le croisement. Cette opération a été faite récemment. Les deux animaux qui furent la base primitive de cette combinaison, étaient l'un et l'autre d'une beauté de formes peu commune, d'une grande valeur, mais de conformation bien différente et bien éloignée.

Le premier croisement du bouledogue, qui s'appelait *Chicket*, et de la femelle du lévrier, qui portait le nom de *Fly*, produisit un animal lourd et grossier, nommé *Half-and-half*.

Half-and-half fut fécondé par un bas lévrier nommé *Blunder*. Le produit de ce second croissement, *Hécate*, femelle blanche, présentait encore quelques légers caractères de la race de bouledogue, mais un observateur médiocre les eût à peine remarqués. Il existait cependant dans cette lice une absence de symétrie et de proportion spéciale. Elle fut accouplée à *Preston*, chien très vite, et leur produit fut *Hecuba*, grande femelle noire bien conformée, et comme je l'ai déjà fait remarquer, à peine reconnaissable d'un lévrier pur sang, sauf par la tête, cependant.

On l'envoya à un chien célèbre, nommé *Bedlamite*, espérant obtenir de bons coureurs par ce quatrième croisement. Tous étaient vites, mais manquaient complètement de vigueur. Cette chienne fut fécondée par *Ranter*, fils de *Bedlamite*, mais le résultat de ce cinquième croisement ne fut pas, croyons-nous, plus satisfaisant que celui du quatrième.

L'ancienne zootechnie appelait croisement une opération bien définie, et n'en donnait pas le nom indistinctement à toutes les alliances quelconques. En l'espèce, par exemple, voulant doter toute une population de chiens, lents et lourds, de certaines qualités de vitesse, d'allures rapides, elle en aurait livré les femelles à des lévriers, je suppose ; puis les femelles de cette première génération auraient à leur tour été unies à d'autres lévriers, et quelquefois même à leurs pères, et les alliances se seraient ainsi persévéramment renouvelées les mêmes entre les femelles nées des mariages antérieurs et des mâles de la race pure, jusqu'au moment où le point cherché se fut rencontré.

Voilà le croisement des anciens. Il était un dans sont but, très fixé dans sa voie, certain quant à ses résultats. Il se proposait une amélioration définie, il la poursuivait logiquement, appuyé tout à la fois sur une science sûre d'elle-même et sur une pratique judicieuse. Les 300 technistes de l'époque ont changé tout cela en jetant la confusion dans des idées très nettes jusqu'à leur venue.

La première règle du croisement, la précaution suprême qu'il réclame, c'est de choisir des reproducteurs doués eux-mêmes des éléments de l'amélioration qu'on veut obtenir, des qualités dont on entend poursuivre la réalisation, et d'éviter tout au moins ceux dont l'intervention serait plutôt nuisible que favorable au résultat cherché ; c'est ce que montre excellemment l'exemple rapporté plus haut.

Une mésalliance entre lévrier et bouledogue a déterminé quoi ? La déchéance, non rachetée par cinq générations, d'une nombreuse famille. Les formes extérieures, notablement et malencontreusement atteintes, ont été réparées plus vite et plus complètement qu'on ne l'aurait supposé *a priori*, non toutefois les facultés intimes. L'appareil de la locomotion — organes passifs et puissances actives toute ensemble — était rentré en apparence dans ses conditions normales, et promettait au moins l'égalité des forces avec les semblables ; mais la réparation n'était qu'à la surface et l'appareil de l'innervation, atteint lui aussi par un affaiblissement profond auquel on n'avait certainement pas songé, n'avait pas repris son titre et ne fournit point, en proportion satisfaisante ou suffisante, aux dépenses exigées de la machine entière. Quand on put croire que la réparation était complète, absolue, elle n'était que partielle ; on avait des animaux très vites, mais la vitesse qui n'est pas alimentée par la force nerveuse ne dure pas. C'était le cas de ces bâtards rapides, mais rapides sans utilité pratique, car ils n'avaient point de vigueur en proportion et ne résistaient pas assez au travail pour accomplir la tâche jusqu'au bout.

La pratique est souvent mieux avisée, et la théorie bien comprise, intelligemment appliquée, la conduit souvent à des créations heureuses, d'une incontestable valeur.

C'est ainsi qu'on a obtenu en Angleterre l'admirable chien de renard en combinant la rapidité du lévrier et le courage du bouledogue. Quoique fort ardent à la poursuite de la vermine, le terrier n'a pas le courage nécessaire pour supporter, sans fuir, ses morsures, s'il n'est croisé avec le bouledogue. Le produit de ce croisement, appelé boule-terrier, est fort recherché. Presque tous les terriers, dit Robinson, ont été croisés de cette manière, il y a quelques générations, et je suis persuadé que, sans le mélange de ce sang, ils ne seraient bon à rien.

Classification des races. — La classification des races canines est aujourd'hui impossible; tout ce qu'on peut faire c'est d'établir une nomenclature artificielle pour faciliter les recherches; c'est ce que bon nombre d'amateurs ont fait, croyant en réalité faire une classification.

Ces nomenclatures ne datent pas d'hier, car les auteurs Romains classaient déjà leurs chiens, voici de quelle façon :

CHIENS

1° de maisons — 2° de bergers — 3° de chasse

3° de chasse : *a* d'attaque. — *b* suivant le gibier à la piste — *c* le forçant à la course

Ces diverses catégories portaient les dénominations suivantes :

1° Villatici ;

2° Pastorales ;

3° Venatici : *a.* **Pugnaces** ; — *b.* Sagaces ; — *d.* Celeres.

Plus tard, nous trouvons une classification un peu plus complète, celle du docteur Caius, qui date de 1576. Elle comprend certaines races omises précédemment et inconnues aux Romains.

M. Eug. Gayot, précédemment cité, admet cinq catégories de chiens :

Première catégorie. — Chiens d'utilité, comprenant :

1re classe. — Chiens de berger français.
2e — Chiens de berger étrangers.
3e — Chiens de garde.
4e — Chiens dogues (mastiff).
5e — Bull-dogs.
6e — Bull-terriers.
7e — Terriers à poils ras.
8e — Terriers à long poils.
9e — Chiens chassant spécialement la fouine, le putois et la martre.
10e classe. — Chiens danois.

Deuxième catégorie. — Chiens de chasse à courre, comprenant :

11e classe. — Chiens courants :

1° Chiens d'ordre; 2° chiens courants français ; 3° chiens anglais (foxhounds) ; 4° bâtard anglo-français.

12e classe. — Briquets et chiens à lièvre.
13e — Chiens courants anglais (grande race).

14e classe. — Chiens courants anglais (petite race).
15e — Chiens courants divers (races fines).
16e — Chiens courants bâtards.
17e — Chiens courants bassets de toute origine.

Troisième catégorie. — Chiens de chasse d'arrêt :

18e Classe. — Braques français.
19e — Braques anglais : Pointeurs de grande race ; Pointeurs de petite race.
20e classe. — Braques étrangers divers.
21e — Chiens de chasse Épagneuls : épagneuls français ; Épagneuls anglais (setters) ; épagneuls étrangers divers.
22e classe. — Épagneuls anglais (petites races).
23e — Epagneuls d'eau (retrievers).
24e — Barbets et griffons d'arrêt : chiens barbets ; chiens griffons.

Quatrième catégorie. — Lévriers :

25e classe. — Lévriers à poils ras.
26e — Lévriers à longs poils.

Cinquième catégorie. — Chiens de luxe ou d'agrément comprenant :

27e classe. — Levrons.
28e — Petits épagneuls de luxe.
29e — Petits caniches de luxe.
30e — Chiens divers de luxe et d'appartement.

M. Bénion, dans son ouvrage les *Races canines*, admet cinq catégories avec des subdivisions. Savoir :

Première catégorie :

1re classe. — Chien de berger (*Canis domesticus*).
2e — Chien loup (*C. pomeranus*).
3e — Chien d'Islande (*C. borealis*).
4e — Chien de Laponie (*C. Laponiæ*).
5e — Chien de Sibérie (*C. Sibericus*).
6e — Chien de montagne.
7e — Chien du Saint-Bernard.

Deuxième catégorie :

8e classe. — Chien mâtin (*Canis laniarius*).
9e — Grand danois (*C. danicus major*).
10e — Petit danois (*C. danicus minor*).
11e — Danois mouchété (*C. P. varius*).
12e — Lévrier (*C. leporianius*).
13e — Lévrier d'Italie.
14e — Lévrier d'Angleterre.
15e — Lévriers métis.

Troisième catégorie :

16e classe. — Le dogue.
17e — Le doguin.
18e — Le chien turc (*Canis Ægypticus*).
19e — Le turc métis.
20e — Le grand dogue.
21e — Le terrier-bull.
22e — Le chien d'Artois.
23e — Le roquet.

Quatrième catégorie :

24e classe. — Le chien courant (*C. cursor*).
25e — Le basset (*C. brevioribus tibis*.

26e classe. — Le braque (*C. sagax*).
27e — Le braque de Bengale.
28e — L'épagneul (*C. Hispanicus*).
29e — Le petit épagneul (*C. H. minor*).
30e — Le barbet ou caniche.
31e — Le petit barbet.
32e — Le gredin (*C. brevipilis*).
33e — Le bouffe.
34e — Le bichon (*C. melitœus*).
35e — Le chien-lion.
36e — Le chien de Calabre.
37e — Le chien de Terre-Neuve (*Canis aquœtilis*).
38e classe. — Le terrier ou renardier.
39e — Le chien d'Alicante.
40e — Le griffon.
41e — Le barbet-griffon.

Cinquième catégorie :
42e classe. — Le chien de rue (*C. hybridus*).

M. Harting admet six divisions d'après la forme et le développement des oreilles :
1° Chiens semblables au loup ;
2° Lévriers ;
3° Épagneuls ;
4° Chiens courants ;
5° Mâtins ;
6° Terriers.

Le naturaliste Stouchenge, établit sept divisions que nous adopterons dans les descriptions qui vont suivre. Ce sont :

1° Chiens sauvages ou demi-sauvages chassant en troupes ;

2° Chiens domestiques chassant à vue et tuant le gibier pour l'homme ;

3° Chiens domestiques, trouvant et chassant au nez, et tuant le gibier ;

4° Chiens domestiques trouvant et chassant le gibier au nez, mais ne le tuant pas ;

5° Chiens employés à la garde des troupeaux ;

6° Chiens de garde, chiens de maisons, chiens d'appartement ;

7° Races métisses, croisées, etc.

CHAPITRE VI

CHIENS SAUVAGES OU DEMI-SAUVAGES CHASSANT EN TROUPE

Division. — Dans ce groupe se rangent de nombreuses espèces, fort curieuses il faut l'avouer, mais la plupart exotiques et ne nous intéressant que fort peu. Nous ne décrirons que les plus importantes, c'est-à-dire :

Le Buansu ;
Le Dhol ;
Le Pariah ;
Le Dingo ;
L'Aguara.

Le Buansu. — Le Buansu ou buansuah, plus connu ous le nom de *Chien de l'Himalaya*, est de taille moyenne ; il a six molaires seulement à la mâchoire inférieure ; son poil est serré ; ses pieds couverts de poils jusqu'en bas ; ses oreilles sont droites, assez grandes ; la queue est garnie d'une touffe de poils raides à son extrémité. Le pelage est d'un roux foncé, jaunâtre en dessous.

Ce chien habite les Indes. Il a été découvert par Hodgson (1) dans le Népaul, et paraît être répandu jusqu'aux Ghattes et à la côte de Coromandel.

Le buansu, dit M. Brehm (2), ne se terre pas à la

(1) Hodgson. *Recherches asiatiques.* T. XVIII.

(2) Brehm. *L'homme et les animaux. Les Mammifères*, édit. française, par Z. Gerbe.

manière du loup et du renard; il habite dans les cavités naturelles des rochers; chasse aussi bien le jour que la nuit, mais principalement le jour; se réunit en meutes pour poursuivre sa proie, et donne continuellement de la voix. L'aboiement particulier qu'il fait entendre diffère de celui du chien domestique et du long hurlement du loup, du chacal et du renard. Une meute ne compte généralement que huit à douze individus. D'après toutes les observations, l'odorat est d'une grande utilité à cet animal, et paraît lui servir plus que la vue.

Il parvient à obtenir sa proie plutôt à force de persévérance qu'en employant la ruse, ce qui lui arriva cependant quelquefois. La proie du buansu consiste en lièvres, en buffles sauvages ou domestiques et en plusieurs espèces de cerfs ou d'antilopes. Il poursuit aussi les chèvres et les moutons, qui lui coûtent moins d'efforts; quelquefois enfin, il s'attaque aux buffles qui sont à pâturer dans les districts éloignés des habitations, aussi est-ce un visiteur redouté dans les fermes et les bergeries.

Pris jeune, le buansu s'apprivoise à merveille. Il s'attache à son maître, lui sert à la chasse; seulement il n'obéit qu'à lui : pour les autres chasseurs, c'est un animal inutile et même dangereux par les fortes morsures qu'il peut faire.

Le buansu a été considéré comme le chien primitif. Mais on ne peut voir dans ses caractères particuliers, pas plus que dans ceux d'aucune autre espèce, rien qui autorise à conclure qu'il soit la souche de tous les chiens de la terre.

Le Dhole ou Colsun. — Le Colsun mesure environ un mètre de longueur, plus la queue qui a près de vingt centimètres. Comme aspect général, il ressemble quelque peu au lévrier. Son pelage est d'un beau brun roux, un peu plus pâle sous le ventre. Il vit à l'état sauvage dans les jungles de l'Inde où on ne le trouve d'ailleurs pas en grand nombre.

C'est un animal méfiant, qui fuit l'homme et les lieux habités.

Les dholes chassent en troupes de cinquante à soixante individus ; ils poursuivent leurs proies en silence ou ne donnent de la voix qu'à des intervalles éloignés. Ce sont d'excellents chasseurs ; bien rarement une proie leur échappe. La voix du dhole ne ressemble pas à l'aboiement des chiens domestiques, c'est un long hurlement ayant quelques analogies avec celui du loup.

A la chasse, ils ont les mêmes habitudes que les loups, mais ils sont loin d'avoir la lâcheté de ceux-ci. C'est à leurs combats sanglants avec les grands carnassiers que l'on attribue leur rareté, car étant très prolifiques ils se multiplieraient tellement que toute chasse deviendrait impossible dans l'Inde.

Il est assez difficile à apprivoiser, et lorsqu'on y parvient on ne peut guère compter sur lui comme chien de chasse, car suivant la remarque du capitaine Th. Williamson (1), il est sujet à lâcher pied pour se jeter sur des moutons ou des chèvres qui sont d'une capture plus facile.

(1) Williamson. *Oriental Field sport.*

Le Pariah. — Aux Indes, on donne le nom de pariahs à des chiens demi-sauvages qui pullulent dans les villages. Ils n'ont pas de maître particulier, mais suivent tout le monde et ne manquent jamais d'accompagner les indigènes qui vont à la chasse.

Ces chiens, qui n'ont pas de caractères bien saillants, sont vifs, agiles et courageux ; ils ont l'odorat d'une subtilité extraordinaire et sont souvent employés pour chasser le tigre et les grands fauves dangereux.

Le Chien d'Australie ou Dingo. — Encore appelé Warragal, c'est le chien sauvage de l'Australie. C'est le plus grand des mammifères non marsupiaux de ce grand continent. Nous empruntons à l'ouvrage de Brehm les renseignements qui suivent, ayant trait à ce curieux animal.

Le Dingo ressemble au renard par son pelage, ses couleurs, ses formes ; seulement il est plus grand et plus fort. Son pelage est roux pâle, semé çà et là, surtout sur le dos et les flancs, de poils noirs. Il en existe une variété noire, mais qui est très rare. Comme les autres chiens sauvages, il a le museau allongé, pointu ; les oreilles courtes ; la queue touffue et pendante ; les yeux petits, obliques, à expression farouche. Il est fort et vigoureux, mais sans manquer d'élégance.

Ses oreilles sont droites, très mobiles et ont l'ouverture dirigée en avant ; le sens de l'odorat et de l'ouïe sont assez fins.

Le dingo est abondamment répandu sur tout le

continent australien. Encore aujourd'hui, on l'y trouve dans toutes les forêts épaisses, les gorges buissonneuses, les bruyères et les steppes.

Les émigrants regardent le dingo, et avec raison, comme l'ennemi le plus redoutable de leurs troupeaux, et plusieurs fois ils ont entrepris de grandes expéditions pour mettre un terme à ses rapines.

Par toutes ses habitudes, le dingo ressemble plus au renard qu'au loup. S'il ne se sent pas très en sûreté, il reste tapi tout le jour dans sa ratraite et n'en sort que la nuit. Il s'attaque à presque tous les autres mammifères australiens. Comme le renard, il ne chasse que rarement en meutes. On trouve généralement des troupes de cinq à six individus, composées d'une femelle et de ses petits. Souvent, plusieurs dingos se rassemblent autour d'une charogne, et des émigrants ont assuré avoir vu alors de quatre-vingts à cent de ces chiens réunis. On croit aussi que chaque famille a son territoire; qu'elle ne l'abandonne jamais pour pénétrer sur celui d'une autre famille, et qu'elle ne souffre pas non plus qu'une autre l'envahisse.

Les dingos, malgré leur nature sauvage, paraissent avoir beaucoup d'affection les uns pour les autres. M. Oxley raconte le fait suivant:

« Nous tuâmes un chien du pays et nous jetâmes son corps dans un buisson ; en repassant par le même endroit, nous le retrouvâmes à trois ou quatre toises du buisson, et, couchée auprès, la femelle mourante ; il est probable qu'elle était là depuis le jour où le chien avait été mis à mort. Elle était tellement faible et amaigrie, qu'elle ne put même se déranger à notre approche; nous crûmes faire un acte de charité en lui tirant un coup de fusil. »

Avant que les émigrants eussent établi des chasses réglées contre cet ennemi de leurs troupeaux, il leur enlevait considérablement de têtes de bétail. « A un défrichement appelé New-Billholm, a environ 170 mètres de Sidney, dit Revoil (1), un dingo tua en une seule matinée quinze brebis. » On assure que, dans une seule bergerie, 1,200 moutons et agneaux furent égorgés par les dingos, dans l'espace de trois mois. Ce qui fait que le nombre des victimes est plus grand qu'il ne devrait l'être, c'est qu'à l'approche du dingo, les moutons s'enfuient effarés, se sauvent dans les steppes, où ceux qui ne deviennent pas la proie facile du carnassier, finissent par mourir de soif.

Le dingo mange encore des kangourous de toutes espèces et d'autres herbivores petits ou grands; il attaque, en un mot, tous les animaux indigènes de l'Australie, et n'a peur que des chiens domestiques.

Les chiens de chasse et les chiens de berger sont en guerre continuelle avec les dingos; ils ont les uns pour les autres une haine sans exemple. Plusieurs chiens aperçoivent-ils un dingo, ils se précipitent sur lui et le déchirent; l'inverse se produit si un chien égaré est surpris par les dingos. Cependant il arrive parfois qu'une femelle de dingo vit en bonne harmonie avec des chiens de berger. « Sortant un

(1) Revoil. *Histoire des Chiens*, 1867.

matin de ma tente, dit un vieil habitant des bois (1), je vis une femelle de dingo jouant avec mes chiens, mais elle s'enfuit dès qu'elle m'aperçut. Un des chiens la suivit et ne revint qu'au bout de trois jours, mordu et blessé ; il avait probablement trop excité la jalousie des amants légitimes de la chienne. »

Le dingo se croise avec le chien domestique ; il en résulte des métis qui sont plus grands et plus sauvages que ce dernier.

Le dingo s'enfuit à la vue de l'homme. Il déploie dans sa fuite toute la finesse et la ruse du renard ; il sait à merveille profiter de chaque accident de terrain pour se dérober à la vue. Lorsqu'il est vivement poursuivi et qu'il ne voit plus d'issue, il se retourne en fureur, se défend avec toute la rage du désespoir, mais en cherchant toujours l'occasion de s'échapper.

Il a la vie très dure. G. Benett raconte à ce sujet des choses presque incroyables. Un dingo dont on venait de s'emparer, reçut tant et de si rudes coups, que l'on croyait tous ses os brisés et qu'on l'abandonna. A peine s'en était-on éloigné, que l'animal se releva, se secoua, et disparut subitement dans les buissons (2).

Le dingo ne peut être apprivoisé.

L'Aguara ou chien des Pampas. — Ce chien est

(1) *Forschergange durch den Wald. Von einem alten Buschmann.*

(2) Brehm. Loc. cit.

d'un brun grisâtre; son pelage, épais et touffu, constitue une excellente fourrure pour la possession de laquelle on lui fait une chasse acharnée. Celle-ci est d'ailleurs justifiée à un autre titre, car l'Aguara est un grand destructeur de moutons, de veaux et de génisses.

Ce chien s'enfuit à l'approche de l'homme et ne l'attaque jamais.

On croit que les chiens des pampas sont les descendants, devenus sauvages, des chiens européens apportés en Amérique par les premiers émigrants.

Chiens marrons ou redevenus sauvages. — On trouve des chiens demi-sauvages en Tartarie, en Grèce, en Egypte, dans la Russie méridionale, mais les plus importants sont les chiens de Constantinople.

On ne peut se figurer, dit Hacklaender, les rues de Constantinople sans les chiens sauvages qui les habitent en bandes innombrables. D'ordinaire, on se fait des illusions au sujet des choses qu'on lit, et la réalité vient les détruire: ici, ce n'est pas le cas. Tous les voyageurs sont unanimes à décrire ces chiens comme un véritable fléau, mais ils sont encore restés pour la plupart au-dessous de la vérité.

Ces chiens appartiennent à une race particulière. Ils ressemblent assez à nos chiens de berger, mais ils ont la queue recourbée, les poils courts, d'un jaune sale.

A les voir rôder çà et là, ou s'étendre au soleil, il faut avouer qu'aucun autre animal n'a l'air plus insolent, je dirai même plus canaille. Toutes les

rues, toutes les places en sont couvertes. Ils se tiennent devant les maisons, attendant qu'on leur jette un peu de nourriture, ou bien ils sont couchés au milieu de la rue, et les Turcs, qui regardent comme un péché de faire du mal à une créature vivante, se détournent de leur chemin pour ne pas les déranger. Jamais je n'ai vu un Musulman repousser ou battre un chien ; bien au contraire, j'ai vu les artisans leur jeter les restes de leur repas. Seuls, les matelots et les bateliers n'ont pas la même douceur, et plus d'un chien trouve la mort à la Corne-d'Or.

Il y a plusieurs années, continue l'auteur précédemment cité, Mahmoud fit transporter quelques milliers de ces chiens sur un rocher désert, près de l'île des Princes ; ils s'y entre-dévorèrent. Cela cependant ne servit de rien, tant est grande leur fécondité. A chaque pas, on trouve des trous creusés dans la terre, et où loge une jeune famille de chiens ; ils attendent, affamés, le moment où ils seront grands aussi, et rendront à leur tour les rues de Constantinople désagréables et dangereuses. Chaque rue a ses chiens, tout comme chez nous les mendiants ont leurs quartiers ; et malheur au chien qui s'égare sur le domaine voisin ! J'ai vu bien des fois les autres chiens se ruer sur le malheureux et le déchirer, si une prompte fuite ne le mettait à l'abri.

Il n'y a qu'une seule circonstance, dit M. X. Marmier (1), où toutes ces peuplades de chiens sortent sans crainte de leurs différents domaines et se réunissent en un commun accord. C'est lorsqu'ils sont

(1) X. Marmier. *Du Rhin au Nil.*

attirés par un banquet extraordinaire, lorsque leurs naseaux aspirent l'odeur de quelque cheval qni vient de périr. La bonne nouvelle se répand en un instant de district en district. On les voit alors se rassembler près de la maison qui leur promet cette riche pâture. Ils se groupent deux à deux derrière l'animal que l'on conduit à la voirie, le suivent en silence pas à pas, avec une sorte de tristesse hypocrite ; puis, dès que le cadavre est abandonné, ils se précipitent sur lui et restent attachés à cette curée tant qu'il y reste un os à ronger, après quoi chacun d'eux s'en retourne dans son quartier.

Nous n'avions qu'à acheter quelques comestibles dans un bazar pour être suivis par tous les chiens que nous rencontrions; nous en étions abandonnés à l'angle de la rue, mais pour être suivis d'une nouvelle escorte. Le jour, cela est peu inquiétant, mais la nuit les chiens deviennent dangereux pour le Franc qui traverse, isolé et sans lanterne, les rues de Stamboul. Souvent j'ai entendu parler d'étrangers qu'ils avaient attaqués, et qui n'ont été sauvés que par des Musulmans, que des cris : « Au secours ! » attiraient. Nous-mêmes, qui ne sortions jamais de nuit que nombreux et munis de lanternes, nous n'avons dû bien des fois qu'à nos bâtons de ne pas rentrer nos habits en lambeaux.

Toutes les tentatives faites par les empereurs pour se délivrer de cette race hideuse, sont jusqu'à présent restées sans résultat.

Il faut remarquer que les chiens de Constantinople sont pourtant d'une certaine utilité, en ce sens qu'ils font le service de la voirie, en purgeant les rues d'une grande quantité de débris et d'ordures : ils remédient ainsi à l'imprévoyance de la police urbaine.

CHAPITRE VII

CHIENS DOMESTIQUES CHASSANT A VUE ET TUANT LE GIBIER POUR L'HOMME

Division — Cette catégorie comprend trois groupes bien distincts, savoir :

Les mâtins,

Les lévriers,

Le chien de Mackensie.

LES MATINS.

Caractères. — Les mâtins ont la tête allongée, le front aplati, les oreilles sont petites et droites depuis leur naissance jusqu'à la moitié de leur longueur, le reste est légèrement pendant.

Ils sont de forte taille, vigoureux, bien proportionnés. La queue est relevée, les jambes longues et nerveuses.

Le mâtin proprement dit. — Les mâtins, dit Buffon, ont le museau aussi long, mais moins gros que le chien danois. La tête est allongée et le front aplati.

Les mâtins ont ordinairement le poil plus long à la gorge, au-devant du col, sous le ventre, derrière les cuisses et sur la queue que sur tout le reste du corps, où le poil est assez court. Ces chiens sont de plusieurs couleurs, telles que le blanc, le gris, le fauve, le brun, le noir, etc.; néanmoins, dans quelques provinces, et surtout en Bourgogne, la plupart sont noirs avec des taches blanches, mais c'est peut-être parce qu'on croit que ces mâtins sont meilleurs que les autres et qu'on les élève par préférence (1).

Beaucoup de naturalistes regardent le mâtin comme issu du chien de berger. C'est possible, mais loin d'être prouvé.

Ce chien n'a pas l'odorat bien développé; il chasse à vue, surtout le loup et le sanglier; très souvent, les mâtins sont employés comme chiens de garde.

LÉVRIERS.

Caractères. — Les lévriers ont la taille élancée, le ventre très rentré; les jambes sont hautes et fines; les oreilles droites et dirigées en arrière, légèrement tombantes à la pointe; la tête est effilée, le museau pointu; la queue est longue, grêle et faiblement recourbée.

Ce sont les chiens les plus légers et les plus sveltes; leur rapidité à la course est telle, qu'aucun quadrupède ne peut les dépasser. Par ce fait même, les courses de lévriers sont très goûtées en Angleterre.

Le lévrier a l'odorat médiocre, mais la vue très perçante. L'intelligence laisse à désirer.

C'est un bel animal que le lévrier, dit M. E. Gayot, il est beau par la finesse, par la distinction de sa structure: spécialiste pour une course rapide, il offre le spécimen de coureur parvenu à la perfection.

Admirablement disposé pour l'activité, pour les

(1) Buffon. *Hist. naturelle.*

bonds énergiques, pour une locomotion rapide et puissante, cette machine ne sera conduite que par une intelligence très médiocre. On peut appliquer au lévrier, sans l'offenser, sans être injuste envers lui, ces deux mots caractéristiques: bonne bête! En effet, l'animal est bon, sans méchanceté d'aucune sorte, acceptant volontiers les caresses d'où qu'elles lui viennent, sans discernement; il est bête et reste borné, en dépit de tous les efforts d'un éducateur soigneux. Bienveillant pour tous, si l'on veut me permettre le mot, il ne s'attache sérieusement à personne. Il est très frileux. Les petites variétés tremblent continuellement (1).

Toutes les variétés de poil se rencontrent chez les lévriers: tantôt il est long, ondé et soyeux comme dans les lévriers de Russie et de Sibérie; tantôt il est bouclé et laineux comme chez certaines races du Kurdistan; tantôt il est ras sur le corps et long sur les oreilles et la queue seulement, comme chez les lévriers de la Roumélie; tantôt dur comme chez le lévrier d'Ecosse; tantôt complètement ras comme chez le lévrier anglais (2).

Le lévrier n'aime pas les autres chiens et, lorsqu'il ne se montre pas indifférent à leur égard, il ne manque pas de les attaquer. C'est un combattant dangereux, car malgré son apparence grêle il est très vigoureux et la plupart du temps se rend maître de son adversaire en le saisissant par la nuque.

Ce chien rend des services malgré ses défauts;

(1) E. Gayot.
(2) Stonehenge.

dans certaines contrées il est même indispensable aux chasseurs. On s'en sert plus dans le sud, et surtout dans les steppes que dans le nord de l'Afrique.

Les Tartares, les Persans, les Syriens, les Indiens, les Bédouins, les Kabyles, les Arabes, les habitants du Soudan et toutes les autres peuplades de l'intérieur de l'Afrique et de l'Asie, l'estiment beaucoup, et souvent à l'égal d'un bon coursier. Les Arabes du désert, ou plutôt des steppes qui bordent le Sahara, ont le proverbe :

> Moi, j'avoûrai sans façon
> Qu'à vingt femmes je préfère
> Chien rapide, adroit faucon,
> Et cheval de mine fière (1).

Qui a vécu au milieu de ces populations comprendra la vérité de cet adage.

Chez nous, on ne se sert que peu du lévrier. Il est trop dangereux pour le gibier, aussi la chasse au lévrier est-elle interdite en bien des pays, et en France en particulier, par la loi du 3 mai 1844. L'emploi en est sinon permis, du moins toléré, dans la Crau et dans la Camargue ; il peut-être autorisé par arrêté du préfet (2).

Les lévriers peuvent être classés en deux sections :

1° Lévriers à poils ras ;

2° Lèvriers à poils longs.

1° Lévrier à poils ras. — Dans ce groupe, qui comprend un grand nombre d'espèces, quatre doivent

(1) Ch. Meaux Saint-Marc. Traduction inédite.

(2) Brehm. Loc. cit.

Fig. 2. — Lévriers à poil ras.

nous arrêter : Le lévrier d'Afrique, le lévrier Italien, le lévrier d'Arabie et le lévrier des Baléares.

Le *Lévrier d'Afrique* ou *chien nu*, a le corps grêle et allongé, la poitrine étroite, le front très bombé, le museau long et pointu. Il n'a que quelques poils à l'origine de la queue, aux jambes et autour du museau, tout le reste du corps est absolument nu. La peau est d'un noir grisâtre parsemée de taches couleur de chair.

Il mesure 65 centimètres sans la queue.

On le trouve dans l'Afrique du nord, la Guinée, la Chine, l'Amérique du Sud.

Dans nos climats il est très sensible au froid, aussi y est-il rapidement atteint de maladies.

Le *Lévrier Italien* ou *Levrette* est le représentant le plus petit et le plus gracieux de la race. Rarement son poids dépasse 3 kilog. Il a le poil ras et la robe fauve isabelle ou café au lait à reflets dorés. En Angleterre ces petits animaux se vendent à des prix fabuleux, ce qu'exigent surtout les amateurs, c'est une robe d'une seule couleur et exempte de la moindre tache de blanc.

Le *Lévrier d'Arabie* ou *Slougui* habite le désert africain, il est de haute taille, de couleur fauve ; le front est large, les oreilles courtes, le museau effilé, les muscles de la croupe très prononcés, les membres secs ; le palais et la langue sont noirs.

Dans le Sahara il est très employé pour chasser la gazelle; contrairement aux autres lévriers il a l'odorat très fin,

Jamais un slougui, dit M. Daumas, ne chasse

qu'avec son maître. Il sait, par sa propreté, son respect des convenances, la gracieuseté de ses manières, reconnaitre la considération dont il est l'objet. Il ne manque pas de creuser un trou pour y cacher ses excréments, qu'il recouvre de terre. Au retour de son maître, après une absence un peu prolongée, le slougui se précipite d'un bond sur la selle et le caresse. Les Arabes causent avec lui : « O mon ami, écoute-moi, il faut que tu m'apportes de la viande, je suis las de ne manger que des dattes, » et mille flatteries; le chien chéri saute, caracole a l'air de comprendre et de vouloir répondre.

La mort d'un slougui est un deuil pour toute la tente : femmes et enfants le pleurent comme une personne de la famille (1).

Le *Lévrier des Baléares* est une race fort intéressante ; ce sont des chiens de moyenne taille, dit M. Pichot, à pelage rouge ou fauve, à oreilles droites, d'une construction un peu épaisse et massive, qui ont beaucoup de nez et que l'on emploie surtout pour la chasse au lapin. Ce sont les seuls lévriers dont l'usage ait été toléré en France où l'on s'en sert dans le Midi.

2° **Lévriers à longs poils.** — Les deux races principales appartenant à ce groupe sont : le lévrier russe et le lévrier d'Ecosse.

Le *lévrier russe* est un fort bel animal, dont la taille varie entre 60 et 70 centimètres; ses oreilles

(1) Général Daumas. *Les Chevaux du Sahara et les Mœurs du désert,* 1862.

sont droites et retombent très peu à la pointe; sa robe est d'un gris d'acier, la fourrure est épaisse,

Fig. 3. — Lévriers à longs poils.

notamment les poils de la queue, qui sont soyeux et très longs.

Contrairement aux autres lévriers, celui-ci à l'odorat très fin. Il est vigoureux et rapide, et sert surtout en Russie à la chasse au loup et au sanglier.

Le *Lévrier d'Ecosse*, aujourd'hui assez rare, a le poil dur ; il servait autrefois dans les Highlands pour chasser le loup, le cerf et le daim.

CHIEN DE LA RIVIÈRE MACKENSIE.

Caractères. — C'est le chien de chasse des Indiens de l'Amérique du nord.

Par ses formes et surtout sa tête, ce chien ressemble quelque peu au lévrier ; son museau est long et étroit, les oreilles petites. Quant à la forme générale du corps, elle rappelle celle des épagneuls.

Le poil est long et bien fourni.

Le chien de la rivière Mackensie n'aboie pas, il chasse à vue le lièvre, le renne et autre gibier.

C'est un auxiliaire précieux pour les habitants des contrées ingrates qu'il habite, car ses pieds larges et recouverts de poils lui permettent de courir aisément sur la neige.

On ne le rencontre plus guère aujourd'hui que dans la tribu des Indiens-Lièvres (Hare Indians), de là le nom de *Hare-Indians-dog*, sous lequel les Anglais le désignent généralement.

CHAPITRE VIII

CHIENS DOMESTIQUES CHASSANT AU NEZ TROUVANT ET TUANT LE GIBIER

Division. — La caractéristique de ce groupe est énoncée dans le titre même de ce chapitre.

C'est un groupe nombreux qui comprend les chiens courants, les bassets, les terriers, etc.

CHIENS COURANTS.

Caractères. — Parmi les chiens de chasse, les chiens courants sont les plus nombreux et les plus variés. On pourrait même dire, sans crainte de trop s'avancer, que tous les chiens ont plus ou moins d'aptitudes à chasser à courre. J'ai vu mon chien d'arrêt, dit M. J. Lavallée, aller se blottir près de la trouée d'une haie, y attendre et y saisir un lièvre dont un caniche suivait la piste en donnant de la voix.

Il ne saurait donc être question de passer en revue toutes les races et variétés de chiens courants.

Si nombreux et si variés qu'ils soient, les chiens courants se tiennent par les caractères généraux que voici : museau aussi long, mais plus gros que celui du mâtin ; tête relativement grosse et ronde ; oreilles très larges, longues, pendantes ; jambes longues, charnues, corps plein, allongé ; queue relevée ; poil court, à peu près de même longueur sur toutes les parties du corps, d'un blanc uniforme ou d'un blanc varié de taches noires, brunes ou fauves, irrégulièrement distribuées. La taille est bien difficile à mesurer, car ici les extrêmes sont réellement fort éloignées et forment ou des géants ou des nains. Cependant les moyens, ceux dont le nombre l'emporte de beaucoup sur le reste de la population du groupe, s'arrêtent vers ces deux dimensions : longueur du corps, 0 m. 86 ; hauteur au train de devant, 0 m. 53.

On veut encore qu'ils aient le pied petit, sec, nerveux et allongé ; le jarret droit et le tendon bien séparé de la jambe ; la cuisse forte, bien musclée, la queue très grosse à l'origine. Il faut que l'arrière-main soit plus élevée que l'avant-main, conformément au dicton espagnol : « haut des pieds et bas des mains ». Le front doit être large, les naseaux seront grands, bien ouverts et l'oreille sera mince et plate.

Le chien courant est agile ; il a le sens de l'odorat très développé, habile si l'on veut bien me permettre l'expression ; mais cette habileté, c'est l'intelligence qui la donne. Il est obéissant plus que fidèle. Il ne résiste guère à la vue d'un fusil entre les mains d'un étranger, et change volontiers de maître. C'est donc son métier qu'il aime, c'est à sa profession qu'il s'attache et qu'il reste le plus dévoué. C'est le chasseur par excellence, la poursuite prolongée l'anime, l'exalte et l'excite, au point que, l'ennemi vaincu et mis à mort, c'est dans son sang qu'il « épanche sa soif et sa haine ». Ceci est tout simplement de la férocité. Or la férocité accidentellement éveillée chez les chiens courants chassant en meute, n'est pas sans danger pour l'homme qu'ils ne connaissent plus, auquel ils n'obéissent plus et dont ils méprisent les châtiments (1).

Division. — Malgré la supériorité des races françaises, qui ont une renommée universelle, on a beaucoup introduit de chiens courants anglais ; de là sont résultés des croisements plus ou moins heureux, qui dominent aujourd'hui dans les meutes françaises.

M. le comte Le Couteuls de Canteleu a dressé un tableau des chiens courants français avec les contrées où ils ont pris naissance :

Région	Chien	
MIDI	1° Chien de Gascogne.	3° Chien bleu.
	2° Chien de Saintonge.	
OUEST	4° Chien de Bretagne.	
	5° Chien Vendéen.	poil ras, griffon.
	6° Chien du haut Poitou.	
	7° Chien de Céris.	
NORD	8° Chien de Normandie.	
	9° Chien d'Artois.	
	10° Chien de Saint-Hubert.	
EST	11° Chien de Bresse.	
	12° Chien gris de Saint-Louis.	
	13° Basset.	

Il nous reste à décrire les principales de ces races.

Chiens de Saint-Hubert. — Le chien de Saint-Hubert ou limier constitue une des plus anciennes race de France, c'est une vieille illustration qui fut, dit-on, introduite dans les Ardennes vers la fin du VIIe siècle par saint Hubert, et jusqu'à Saint Louis,

(1) Eug. Gayot. Loc. cit.

les rois de France n'eurent pas d'autres chiens dans leurs meutes.

« L'animal, dit M. Gayot, est de haute stature; souvent il mesure plus de 0 m. 75 à l'épaule. Son pelage, assez court et fin, surtout à la tête et aux oreilles, est d'un noir tirant sur le roux, aux sourcils de feu, aux

Fig. 4. — Chien couchant.

pattes de la même couleur, oreilles assez longues, reins assez courts, ardent, vite et donnant sur tout. Chasseurs intrépides, ces chiens ne quittent leur animal qu'à la mort, et c'est à eux que revient souvent l'honneur de ces chasses extraordinaires dont se glorifiaient les annnales de la vieille vénerie. »

Le chien de Saint-Hubert est encore appelé chien de sang ou chien sanguinaire (bloo-dhound). « Les chiens de Saint-Hubert, dit M. le baron de Noirmont, renommés dès le XIIIe siècle sous le nom de *Chiens de Flandre* étaient divisés en deux sous-races, les blancs et les noirs. Ils paraissent descendus de ces chiens belges dont parle Silius Italicus et que le poète latin vante comme excellents limiers pour détourner le sanglier.

Les plus estimés étaient *ces chiens noirs anciens*, dont les abbés de Saint-Hubert, en Ardennes, avaient toujours gardé la race *en l'honneur et mémoire du saint, qui estoit veneur avec saint Eustache* (Du Fouilloux). Ils étaient de moyenne stature, longs de corsage, mais bas sur jambes. Ceux de race pure étaient marqué de feu aux sourcils (ce qu'on appelait anciennement quatrœillés (1), avec les jambes de la même couleur. Ils ne devaient point avoir de poils blancs qu'au poitrail. Ces chiens étaient lents, de haut nez et très collés à la voie; ils chassaient de *forlonge et par le menu.* Leur manque de vitesse leur faisait préférer la chasse du loup, du sanglier et du blaireau.

Des Ardennes, les chiens noirs de Saint-Hubert se répandirent en Hainaut, en Flandre, en Lorraine et en Bourgogne, puis, de là, jusque dans nos provinces méridionales. Les meutes de l'illustre veneur Gaston Phœbus étaient composées de chiens de Saint-Hubert.

Ces chiens étaient devenus fort rares en France et avaient beaucoup dégénéré du temps où d'Yauville écrivait (1788) « quoique l'abbé de Saint Hubert eût toujours continué d'en envoyer six ou huit en présent au roi chaque année, la race peut en être con-

(1) *De quatre œils.*

sidérée comme éteinte sur le continent, mais elle semble s'être conservée pure en Angleterre, dans celle des *bloodhounds.* »

Au XVe siècle il existait, en outre, des chiens blancs de Saint-Hubert, moins recherchés que les noirs des gentilshommes, parce qu'ils ne voulaient chasser que le cerf.

En Angleterre, le bloodhound a vieilli, comme le nôtre s'est effacé par l'abandon. Il servait jadis à la grande chasse à courre ; en ce moment, on ne cite plus qu'un seul équipage, composé d'une quarantaine de têtes, et qui soit encore employé à la chasse du cerf. On l'applique toutefois à la poursuite du daim, mais alors un ou deux animaux suffisent à la besogne.

Chiens de Gascogne. — Cette race provient, dit-on, d'alliances contractées au XVIe siècle entre des chiens de Saint-Hubert et des lices indigènes de la contrée. Cette race se retrouve encore assez pure aujourd'hui.

Ils sont de la plus haute taille, dit Brehm, bleus ou blancs, avec beaucoup de taches noires et de marques couleur lie de vin, souvent du feu aux yeux et aux pattes ; ils ont la tête forte, quelquefois un peu longue, le nez extrêmement large et la paupière inférieure très tombante, ne laissant souvent voir de l'œil que le rouge.

Chasseurs de loups et de lièvres par excellence, ils ont toutes les qualités qui distinguent les plus nobles races ; on admire la merveilleuse facilité avec laquelle ces chiens se rabattent des plus vieilles voies du loup, leur prudente finesse dans les rapprochées, leur magnifique entrain dès que l'animal est lancé. Beaucoup de chiens raccourcissent leur gorge sur la voie du loup ; les chiens de Gascogne, au contraire, semblent en redoubler.

Ils sont très criards et très sûrs de change. Comme chiens de lièvres, on pourrait presque leur faire le reproche d'avoir trop de pied (1).

Chiens de Saintonge. — Les chiens de Saintonge purs ou à peu près ne sont pas aussi rares dans le pays qu'on a bien voulu le prétendre. A la Rochelle, notamment, il nous a été donné d'en voir de magnifiques spécimens.

Cette race est de haute taille, 65 à 78 centimètres.

Le chien de Saintonge a la tête sèche, le nez long et très légèrement retroussé ; les oreilles sont fines et tombantes ; comme dans la race précédente, la paupière inférieure tombe fortement et laisse voir le rouge de l'œil.

La robe est blanche, marquée de noir ou de feu, non seulement sur le poil, mais encore sur la peau.

Ces chiens ont une bonne vitesse et chassent fort bien le cerf et le lièvre. Par contre, ils sont d'un élevage assez difficile et leur rusticité laisse à désirer, car ils ressentent la fatigre d'une chasse pendant plusieurs jours consécutifs.

C'est une des plus vieilles races françaises, et peut-être aussi une des plus pures qui existent encore dans notre pays.

(1) A. E. Brehm, Loc. cit.

Puisque nous parlons de racës pures, il nous faut encore mentionner la meute gascon-saintonge de M. de Carayon la Tour, race qu'il a formée en croisant les gascons purs de M. de Ruble avec les saintongeois venant de M. de Saint-Légier. A force de soins et de persévérance il est arrivé à un magnifique résultat.

Chiens du Poitou. — Les chiens du Poitou formaient anciennement deux familles. L'une, celle du bas Poitou, se rapprochait beaucoup des chiens de Saintonge, et c'est là tout ce qu'on peut dire d'elle.

L'autre avait son existence plus indépendante, ou mieux plus distincte ; elle jouissait de son autonomie et mérite une courte description ; la voici :

Les chiens du haut Poilou, sous poil tricolore, de moyenne taille, à la tête busquée, à l'oreille médiocre, mince et soyeuse, au dos harpé, à la poitrine profonde, étaient d'excellents chiens de loup. Les plus estimés étaient les chiens de Larye, qui passaient pour avoir été amenés d'Ecosse par la famille de ce nom. Par suite de croisements, ces chiens aussi étaient devenus très rares. On raconte dans le pays qu'un gentilhomme poitevin, qui possédait le dernier couple de chiens de Larye, ne pouvant se résoudre à les tuer en partant pour l'émigration, imagina de leur couper la queue et les oreilles. Les nobles animaux échappèrent ainsi à la tourmente, et leur maître put à son retour, s'en servir pour propager la race.

Les deux races, puisque races il y a, s'en sont allées de pair ; elles ne subsistent plus guère que par les excellents bâtards qu'elles ont formés en s'alliant aux chiens anglais.

Chiens de Cérès. — Les chiens de Cérès, qui devaient aussi leur nom à une famille du pays, avaient encore un petit nombre de représentants, il y a quelques années, sur les confins du Poitou, de l'Angoumois et du Limousin.

Hauts de 0 m. 54 environ, blancs et orangés, bien faits, bien rablés, les chiens de Cérès avaient la tête osseuse, le museau fin et allongé, l'oreille très bien tournée, le jarret évidé, le pied de lièvre. Ils chassaient en perfection et le lièvre et le loup (1).

Chiens de Normandie. — Cette race, qui, dit-on, descend des chiens de Saint-Hubert, a été l'objet d'une foule de croisements avec les chiens anglais; aujourd'hui, les individus purs sont excessivement rares.

C'étaient des chiens de haute taille, au corps long et robuste. Ils avaient la tête sèche, carrée, le front large avec deux proéminences entre les yeux et les oreilles; la face ridée, les oreilles longues et pendantes.

Le pelage était blanc ou gris fauve.

Chiens d'Artois. — Originaires de la Picardie, les chiens d'Artois étaient autrefois très recherchés pour la chasse au lièvre.

Caractères: blancs avec taches fauves ou grises; tête courte, nez court et un peu retroussé, front large,

(1) Eug. Gayot. Loc. cit.

œil gros et beau, oreilles plates assez longues, corps assez rablu, queue fournie, retroussée et quelquefois recourbée.

Cette race devient de plus en plus rare, cependant on en trouve encore quelques spécimens plus ou moins purs dans le Pas-de-Calais.

Chiens Vendéen. — Les chiens de Vendée étaient peu connus avant le sénéchal Gaston, qui se fit donner par Louie XI le premier de ces chiens qu'aient eus nos rois. Il s'appelait *Souillard*. Il en tira race avec une lice nommée *Baude*, et ces chiens devinrent les chiens de la couronne que, sous Louis XIV, on appelait encore les *grands chiens blancs du roi*. C'est d'un de ces chiens que l'on suppose que sont descendus les chiens vendéens.

La race actuelle est très fortement charpentée, très courte, très vigoureuse ; elle a la tête nerveuse, l'oreille souple, mince, longue et tombante, le poil court et fin, le front effilé; sa taille, en hauteur, est de 60 à 70 centimètres.

La meute de M. César de Moreton, dont M. le marquis de Foudras (1) a raconté les exploits, est originaire de Vendée : le plus célèbre de ces chiens était *Flambeau*, la terreur des loups et des sangliers de la Bresse et du Charolais, *Flambeau* qui, plus d'une fois, força à lui seul un sanglier ou un louvart. *Flambeau* a fourni au chenil de M. Ch. Frossart, à Guipy (Nièvre), une bonne moitié de ses élèves, entre autres *Fricot ;* sa gorge est magnifique, son front

(1) Foudras. *La Vénerie contemporaine*. 1861.

considérable, sa menée droite. L'équipage de M. Ch. Frossart, qui ne souffre pas la moindre immixtion de sang anglais à sa race toute française, est un des plus beaux, le plus beau peut-être du Nivernais, où la race Vendéenne est particulièrement en faveur.

Les chiens de Vendée sont peu délicats, faciles à élever et très intelligents. Une de leurs grandes qualités, c'est la vitesse avec laquelle ils rapprochent les vieilles voies du loup et relèvent les défauts, et leur ténacité qui leur fait maintenir la voie dans de grands pays difficiles, où souvent l'on ne peut pas les soutenir.

Ils sont incomparables pour la finesse de l'odorat; ils ne craignent pas la chaleur, mais redoutent un peu le froid.

Ils aiment le loup de préférence; sont extrêmement mordants et très tenaces dans les hallalis ou quand un loup fait tête. L'équipage chasse quelquefois, par exception, le sanglier et, en été, le blaireau (1).

Chiens bleu. — Ces chiens, qui résultent du croisement du chien de Gascogne avec la chienne de Saintonge, sont excessivement rares aujourd'hui.

Chiens courants anglais. — Les Anglais voulant spécialiser à outrance ont tenté de produire: *le chien de cerf, le chien de renard, le chien de lièvre, le chien de daim, etc.*; mais leur succès sur ce point a été plus ou moins imaginaire. Ceci est bon à noter.

(1) Brehm. *L'homme et les animaux*. T. II, p. 34.

pour mettre en garde contre l'engouement exagéré qu'on professe à l'égard des chiens courants anglais, qui, il faut le reconnaître, ne valent pas pour la plupart les belles races françaises décrites dans les pages précédentes.

Les quatre principales races anglaises sont : le Talbot, le Foxhound, le Harrier et le Beagle.

Fig. 5. — Chien de chasse anglais.

Le Talbot. — Le Talbot a la gueule large, les lèvres pendantes et les oreilles allongées. Son pelage est d'un blanc pur. Il est très lent, ce qui est un inconvénient sérieux pour la chasse.

Il devient de plus en plus rare.

Le Foxhound. — Le Foxhound est une race essentiellement artificielle, tenant un peu de toutes les races possibles, et il serait difficile de dire quel fut le premier père et la première mère des chiens à renard (foxhound) d'aujourd'hui (Ashton Smith).

Train de derrière ramassé, poitrine large, jambes droites, pieds arrondis comme la patte du chat, queue épaisse, bien garnie et bien portée, tels sont les principaux caractères du foxhound (Ashton Smith). Ils ont en outre, continue cet auteur, l'oreille petite, placée très haut et plate, et on a dans les équipages anglais l'habitude de l'arrondir. Du reste, on trouve dans chaque chenil, en Angleterre, un type de foxhound différent, et les mêmes maîtres d'équipage ont souvent changé plusieurs fois leur race pendant le cours de leur carrière.

Le foxhound est docile de caractère et facile à mettre en meute, d'une rapidité souvent extrême, ce qui le rend chiche de voix. Il est inestimable pour sa belle construction et la vigueur de sa constitution, et il retraite gaiement après les chasses les plus fatigantes. Peut-être que le plus vieux sang du foxhound d'Angleterre se trouve aujourd'hui dans le chenil du comte de Lonsdale, à Cottesmore. A l'exception des meutes de lord Yarborough, de M. Warde, du comte Fitzwilliam, du duc de Beaufort, etc., et de quelques autres, les meutes de chiens courants anglais ont changé si souvent de maître depuis cinquante ans qu'il est presque impossible de certifier leur origine (Apperley).

Devenu l'objet d'une très sérieuse attention, on a appris à façonner, à édifier, le chien de renard, d'après les termes d'un programme parfaitement étudié.

Que le chien de renard ait le cou long et mince, sans vestige de fanon.

Les épaules obliquement inclinées en arrière, musculeuses et pourtant moins chargées. La membrure doit être solide, large, sèche, nerveuse; les articulations du genou et du jarret seront placées bas, afin de favoriser l'extension de l'allure et la rapidité de la marche, les hanches seront écartées, saillantes et fermes au toucher. La poitrine ne saurait être trop profonde. Le dos sera droit et ferme dans sa ligne; les reins seront larges et soutenus; les côtes ne cèderont pas aisément au toucher. Ces diverses conditions impliquent l'énergie, la puissance, la rapidité, le fond. On veut que la queue soit légèrement courbée vers le haut et frangée de poils dans sa partie inférieure. C'est une idée comme une autre. On se complait à voir, on admire volontiers l'arc gracieux que décrit ce long appendice en se recourbant sur le dos. Il n'y a point d'opposition à faire cela. En course, néanmoins, c'est-à-dire en chasse sérieuse, la tête sera haute et la queue basse; c'est la tenue de rigueur; elle est caractéristique de l'emploi de toutes les forces au déploiement de la vitesse.

L'état des pieds, leur conformation aussi ont leur importance. La patte doit être ronde, compacte, armée de griffes. C'est l'exercice qui la perfectionne, l'exercice librement pris dans le jeune âge. Les jeunes chiens auxquels on ne permettrait pas, dans leurs promenades rationnellement étendues et conduites, de courir sans contrainte n'arriveraient jamais à un complet développement et n'auraient pas la patte ronde du chat (1).

(1) E. Gayot. Loc. cit.

Le Harrier. — Le Harrier ou chien de lièvre, ressemble beaucoup au précédent, mais il est d'origine bien plus ancienne. Sa taille est moindre, car il ne mesure que 45 centimètres environ ; il a la tête plus large, les oreilles plus longues et les lèvres plus développés ; il est aussi plus bas sur les jambes.

Le nez est d'une finesse remarquable et la voix d'une sonorité extraordinaire. Le harrier est aujourd'hui assez rare.

Le Béagle. — Tous les chiens courants de petite stature, employés à courre au lièvre, étaient autrefois compris en Angleterre, sous le nom de *Beagles.*

Ces petits chiens étaient bien connus du temps de la reine Elisabeth, qui en possédaient de si délicats qu'on pouvait les mettre dans un gant d'homme. Il arrivait souvent alors, qu'une bande complète de ces animaux était transportée au rendez-vous dans une couple de panier, sur un cheval de bât.

Il en existe et il semble qu'il en ait toujours existé deux variétés : l'une à poil rude, l'autre à poil lisse.

Le beagle est le plus petit des chiens de chasse et celui qui a la voix la plus sonore. Il dépasse rarement 38 centimètres de haut, et il n'en est que plus estimé s'il atteint une hauteur moindre. Richardson en a vu un, il y a quelques années, chez M. Rolan de Dublin, ne mesurant, à l'épaule, que 18 centimètres de haut, ayant les oreilles larges, plates, bien faites, et de tout point bien conformé.

Les beagles sont coiffés en avant ; leur robe est blanche, piquetée de points gris ou noirs, et ils sont marqués de taches fauves, noires ou orange. Ils ont généralement le poil ras, mais il y en a de griffons. Ils sont remarquables pour leur activité.

Les Briquets. — C'est dans un traité de la chasse du lièvre et du chevreuil, écrit en 1627, par M. de Maricourt, que se trouve pour la première fois, disent les érudits, le terme de *briquet* ou *braquet,* appliqué au chien courant.

« Le propre des briquets, dit ce veneur, est de courre le connil. » Connil est le vieux nom du lapin. Telle est l'étrange destinée des mots. Le dernier seul est encore usuel parmi nous, tandis que l'ancien nous est à peu près inconnu aujourd'hui.

Quoi qu'il en soit, le briquet était alors une spécialité, car il ne s'assujettissait point à courre un lièvre pendant longtemps. D'où venait-il en ce temps-là ? Je n'en sais vraiment rien ; aujourd'hui on le voit un peu partout. Ceux de la Haute-Marne, du Morvan, de la Gascogne, de Normandie, des Vosges, de Corse, ont un certain renom. Loin d'être unifiés, ils sont très divers. Ceux de Bretagne et de Vendée, qui se placent en bon rang, tiennent d'assez près au griffon de ces contrées. Leur origine à tous est là. Ils descendent généralement des chiens d'ordre des localités où ils naissent, dont ils sont en quelque sorte une provenance. Ils sont, pour la plupart, le produit de croisements avec des chiens sans race et sans caractère. Malgré cela, ils sont tous voisins de leurs ascendants et plus ils leur ressemblent, plus ils sont estimés.

Il y a cependant quelque part, ici et ailleurs, ça et là, de certains briquets, mieux nés ou plus rares, sous manteau fauve, ou noir et fin, et à poil ras, qui se distinguent comme le type du groupe. (E Gayot.)

Les plus estimés ont le poil rude, et grâce à cette robe, ils se glissent sans la moindre crainte au milieu des fourrés les plus inextricables.

BASSETS.

Caractères. — Ces chiens sont remarquables par leurs jambes très courtes, proportionnellement au corps.

Ils sont d'origine très ancienne.

Les uns sont à jambes droites, les autres à jambes torses.

Le Basset. — Le Basset est bien le chien le plus curieux. Il a le corps allongé, l'échine incurvée, les pattes courtes et torses, la tête grosse, le museau fort, la dentition robuste, les oreilles pendantes, les ongles longs, les poils courts, lisses. Les pattes sont ce qu'il a en lui de plus caractéristique. Elles sont courtes, lourdes, fortes; à celles de devant, l'articulationt radio-carpienne est recourbée en dedans, de manière que les deux pattes se touchent sur la ligne médiane, puis elles se recourbent en dehors. Aux pattes de derrière, se trouve un tubercule, remplaçant un orteil, un peu plus élevé que les autres, et armé d'un ongle. La queue est épaisse à sa racine, amincie à son extrémité; elle atteint l'articulation tibio-tarsienne; le basset la porte relevée et recourbée en avant, rarement horizontale (1).

Son pelage, grossier mais lisse, a des couleurs variées, noir ou brun sur le dos, rouge ou brun sous le ventre; sous chaque œil une tache jaune. Le basset mesure 50 centimètres au garrot; sa longueur est de 75 centimètres, la queue 33. On trouve de très beaux sujets dans le duché de Bade.

Ces animaux sont robustes, persévérants, infatigables et courageux; par contre, ils sont rusés et voleurs, surtout les vieux. Le basset n'aime pas les autres chiens et ne manque pas de s'attaquer aux plus gros; avec ces derniers, le rusé animal se couche sur le dos et cherche à mordre son adversaire sous le ventre.

Les bassets en réalité ne courent pas vite, ils ont l'odorat subtil et la vue peu perçante. On les emploie pour chasser le lièvre, le renard, le blaireau, le sanglier, le loup. Ils chassent avec entrain, mais ne sont pas obéissants, il n'est pas rare de les voir revenir au logis lorsque la chasse ne leur plait pas; quelquefois ils dévorent le gibier, ils savent fort bien qu'ils font mal, mais devant la pièce abattue leur passion est trop forte, ils ne peuvent résister.

Leur stature basse et les fortes griffes qui arment leurs pattes les rendent éminemment favorables à la chasse des animaux qui terrent; c'est surtout contre le blaireau et le renard qu'ils s'acharnent de préférence. Il y a une variété à poils ras, la plus répandue, qui est noire avec des taches feu aux yeux et aux

(1) Brehm. Ouvr. cit.

pattes, et une variété à poils longs, qui est grisâtre, avec des taches café au lait, celle-ci est beaucoup moins commune.

Toutes ces variétés sont françaises.

Le Basset tournebroche. — La seule variété anglaise de basset est le *Turnspit* ou Basset tournebroche, qui a les pattes torses et les oreilles petites. Autrefois ce chien était employé à tourner la broche, on en mettait toujours une paire. Ils se refusent parfaitement à cet emploi quand ce n'est pas leur tour; l'odeur les avertit lorsque le rôti est cuit à point, alors ils jappent fortement pour avertir le cuisinier.

TERRIERS.

Caractères. — Au premier abord, les terriers ont assez de ressemblance avec les bassets, cependant ils sont très faciles à reconnaître. En effet, on applique cette appellation à une classe de chiens de petite taille (beaucoup restent au-dessous du poids de 4 kilog.) et qui ont pour fonction d'aller attaquer les animaux sauvages dans leurs retraites souterraines, dans leurs terriers.

Les terriers sont de petite taille, vifs, courageux; le museau est fort, un peu court, les oreilles petites, droites ou demi-pendantes, les jambes sont plutôt courtes, mais droites.

Variétés. — On connait un grand nombre de variétés de ces petits chiens, mais toutes peuvent êtres groupées en deux sections :

1° Les Terriers à poil ras;

2° Les Terriers à long poil.

Parmi les premiers, il faut citer le *terrier anglais*, chien noir, quelquefois blanc, à tête ronde et fine,

Fig. 6. — Terrier.

au nez effilé, aux épaules robustes, à queue fine et horizontale. Il est excellent pour chasser les rats et même les taupes.

Cet animal est vif, intelligent, et contrairement à la plupart des autres espèces, très attaché à son maître. Le chien de Ninon de Lenclos, *Raton*, appartenait à cette race, il avait été rapporté d'Angleterre par le marquis de Worcester.

Le *Fox-terrier,* autrefois employé pour chasser le renard, appartient au même groupe ; il est blanc et fauve et montre un courage à toute épreuve.

Parmi les terriers à longs poils il faut citer le *skye-terrier*, qui a beaucoup d'analogie avec le basset, toutefois il a les oreilles droites et le poil long. Il est petit et très laid.

Il est bon pour la chasse au lapin.

Le *Dandy-dinimont* est bas sur jambes ; son pelage est gris-jaunâtre. Aujourd'hui fort rare, ce terrier était autrefois commun en Ecosse.

CHAPITRE IX

CHIENS DOMESTIQUES DÉCOUVRANT LE GIBIER AU NEZ, MAIS NE LE TUANT PAS

Division. — Dans ce groupe, on peut établir trois sections principales, savoir :

1° Les Chiens d'arrêt ou chiens couchants ;

2° Les Griffons ;

3° Les Barbets ou caniches.

CHIENS D'ARRÊT.

Caractères. — Les chiens courants, précédemment étudiés, suivent la piste du gibier qu'ils poussent au galop. Les chiens d'arrêt font de même, mais lorsqu'ils ont découvert la bête, au lieu de continuer et de chasser l'animal devant eux, les chiens d'arrêt, disons-nous, restent en *arrêt* sans y toucher, quelquefois même ils se couchent devant le gibier, de là le nom de *chiens couchants* qu'on leur donne aussi quelquefois.

Le chien d'arrêt est, pour la chasse à tir, ce qu'est le limier pour la chasse à courre, c'est-à-dire l'auxiliaire le plus utile.

Cet instinct de l'*arrêt*, que ce chien partage d'ailleurs avec beaucoup d'autres quadrupèdes, est chez lui un don de nature plutôt qu'un effet d'éducation ; mais il serait exagéré de prétendre que les croisements de chiens bon chasseurs produisent infailliblement des petits ayant les mêmes facultés héréditaires. Le proverbe : « Bon chien chasse de race », n'est pas

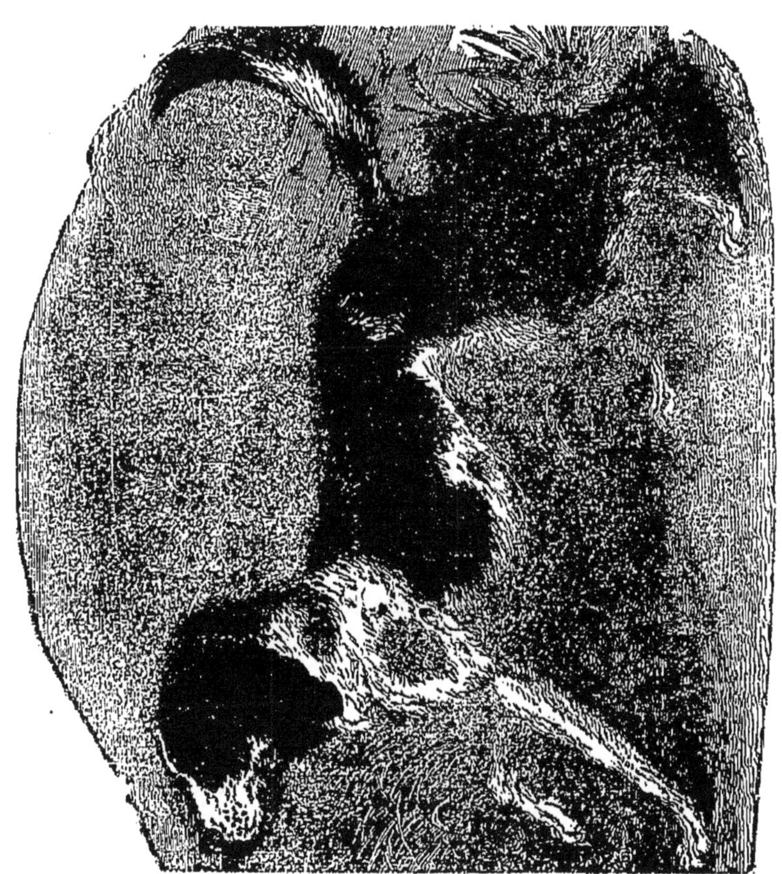

Fig. 7. — Chien d'arrêt.

vrai à la lettre ; un père intelligent peut n'engendrer qu'un fils idiot. Il est pourtant incontestable, que le climat, les soins, une nourriture convenable, ne peuvent qu'exercer sur le sujet, naturellement bien doué, une influence des plus salutaires.

Qualités que doit réunir un chien d'arrêt. — Avant de nous occuper des nombreuses et intéressantes races qui rentrent dans ce groupe, nous devons énumérer d'abord les qualités que doit réunir un bon chien d'arrêt :

1° Il doit quêter d'une manière vive et animée en prenant le vent ;

2° Il doit tenir l'arrêt ferme jusqu'à l'arrivée du chasseur, et quitter l'arrêt au coup de sifflet ou à la voix de celui-ci ;

3° Il doit rapporter à son maître, soit sur terre, soit dans l'eau, toute pièce abattue, sans la meurtrir ;

4° Il ne doit pas courir à un autre fusil qu'à celui de son maître ;

5° Il doit être docile et obéissant.

Parmi les chiens d'arrêt, les plus importants sont, sans contredit, les Epagneuls.

Epagneuls. — Si l'on en croit l'étymologie de son nom, l'épagneul serait originaire d'Espagne. Il a le crâne développé, le nez plutôt court, l'odorat très subtil. Sa robe à poils longs et soyeux, tantôt lisse, tantôt frisée, varie du noir au blanc, au marron et au fauve ; sa queue flottante et ses oreilles pendantes lui donnent un aspect des plus beaux et des plus gracieux. Il est très docile et très intelligent.

L'épagneul chassant de gueule et le nez bas, convient surtout dans les pays couverts, et force le lapin dans les broussailles ; quelquefois il ride et suit la piste de la bête sans crier : il est aussi bon pour le gibier de plume que pour celui de poil. Il ne redoute pas l'eau, aussi convient-il bien dans les pays marécageux.

Son seul défaut est de se fatiguer aisément au soleil.

Il y en a de nombreuses espèces. Les principales sont :

Fig. 8. — Epagneul.

L'Épagneul français. — Les Épagneuls français sont de taille moyenne : ils ont les formes élégantes, le cou long et flexible ; la queue est recourbée vers l'extrémité et garnie d'un beau panache de poils. Leur pelage varie, mais le plus généralement il est blanc avec des taches marron.

Les épagneuls français, fait remarquer M. E. Gayot, avaient de la réputation il y a trois cents ans ; l'Angleterre nous les empruntait volontiers alors. Mais elle s'est mise à les élever avec un soin tout particulier, s'attachant à les spécialiser, à en créer plusieurs variétés bien distinctes, et remarquables par leurs aptitudes particulières. Dans le même temps, on donnait moins d'attention à nos races ; celle-ci furent bientôt dépassées par celles de l'autre côté du canal, au perfectionnement desquelles elles avaient contribué pour une large part, et depuis lors ,aujourd'hui surtout, presque tous nos épagneuls ont été d'origine anglaise ou sont croisés d'anglais. Nous en possédions jadis une fort belle race, aux grandes taches brunes, accompagnées de nombreuses mouchetures grises sur un fond blanc. C'est, je crois, celle que les Anglais ont importée le plus fréquemment chez eux. Elle est devenue extrêmement rare parmi nous. Les *types* les plus élevés qui nous restent encore sont l'*épagneul à double nez*, qui s'en va, et l'*épagneul de Pont-Audemer* qui a les formes grosses et trapues; les jambes plus courtes que hautes: la tête large et longue; le poil marron et blanc tiqueté, long à la queue et aux oreilles.

On ne parle plus de ceux de Bretagne qui étaient peut-être les plus renommés du temps de Louis XI.

Les services rendus « *en déduit de gibier* » par des épagneuls appartenant à Charles d'Orléans, avaient encore accru la célébrité des races françaises.

On a beaucoup parlé aussi, dans tous les livres de chasse du seizième siècle, des épagneuls de poil moucheté, à queue *espiée*, et de certains autres aussi qui étaient « *tout noirs comme des taupes*, les plus grands, les plus beaux et les meilleurs qu'on eût su voir. » Les variétés en renom ne manquaient pas. Elles ont été négligées et n'ont pas survécu à l'indifférence.

Les *Epagneuls anglais* ou *Setter*, ont beaucoup de ressemblance avec les épagneuls français, mais les formes sont plus légères et plus élancées ; ils ont aussi les oreilles plus petites et placées plus haut. Les Anglais ont spécialisé cette race en créant un grand nombre de sous-variétés parmi lesquelles on remarque :

Le Setter d'Irlande, qui est fauve ;

Le Setter d'Ecosse, dont le pelage rouge vif est très remarquable ;

Le Setter anglais, qui a le pelage jaune et blanc.

Les setters sont très rustiques, et susceptibles de supporter toutes es intempéries, car, ainsi que le fait remarquer M. P. Caillard, il a tous les caractères de la rude espèce des épagneuls dont, en résumé, *il n'est qu'un sujet amélioré*.

Pour cet auteur, le setter est *l'épagneul grandi* et devenu *chien couchant*. C'est l'avis des meilleurs éleveurs anglais, qui attribuent la création de ce type à une longue succession de croisements intelligents. Ces croisements, basés sur la sélection, donnent du reste les plus indiscutables résultats, et l'on ne saurait nier aujourd'hui que cette sélection des qualités morales et physiques, combinée dans une race pour lui faire obtenir l'apogée de ses qualités, ne mène au bout lorsqu'on le poursuit avec une patience et une volonté inébranlable. L'éducation fait le reste, chez les animaux comme chez l'homme. Le chien qui, depuis des siècles, est soumis à la discipline, à une manœvre sagement combinée, à des modes de dressage sans cesse améliorés, transmet à ses descendants la plus-value acquise par ses formes, son intelligence et son caractère. Une expérience, que chacun a sous les yeux, est la preuve certaine que notre conviction est judicieuse, car nous voyons chaque jour des produits de bonnes races de chiens s'abâtardir à la seconde ou troisième génération, lorsqu'elles sont restées en des mains inhabiles ou indifférentes (1).

Le *Coker* ou petit épagneul, a la tête ronde, le front haut, le museau pointu ; les oreilles sont couvertes de poils ondulés. Ses pattes sont vigoureuses. Généralement, on lui coupe la queue à moitié pour qu'elle ne se prenne dans les buissons.

Son pelage, assez variable, est le plus souvent blanc et orangé.

« Le coker est le chien par excellence du fourré, mais il peut être dressé facilement à la chasse de plaine. Pour les pays dont les champs sont clos de haies, il est inappréciable. Ces petits chiens s'emploient de différentes façons. Les uns sont dressés à pénétrer dans les bois impénétrables et à rechercher la bécasse et le faisan, voir même les lapins ou lièvres, enfin généralement tout gibier. Lorsqu'ils trouvent la piste, il donne de la voix pour avertir le tireur et font voler ou courir. La puissance de leur odorat est extrême, et nous avons souvent vu un coker trouver la piste d'une bécasse à deux ou trois cents pas de l'endroit où il l'a fait lever. Le frétillement

(1) Paul Caillard. *Des chiens anglais, de chasse et de tir*, page 12.

de sa queue, son ardeur contenue, son activité fébrile, sont les signes certains qu'il est sur une voie chaude.

« Les autres sont dressés à chasser près du fusil. Ils battent le terrain à quinze ou vingt pas du chasseur, longent les haies, coulent dans les fossés, pénètrent dans les regains, les champs de maïs, de sarrazin, et, dressés au rapport, courant à la pièce tombée ou blessée, reviennent fièrement la rapporter à leur maître. »

Braques. — Les Braques sont des chiens d'arrêt à poil ras ; ils sont légers, la poitrine est large, les membres plutôt fins.

Ce sont des chiens très intelligents, très attachés, bons guetteurs, fin de nez, excellents pour la chasse en plaine. Ils supportent la chaleur sans trop de fatigue. Les fourrés et les broussailles ne les arrêtent point car ils sont moins sensibles aux épines que tous les autres.

Lorsque le braque voit le gibier, il s'arrête et le fascine pour ainsi dire : son poil se hérisse sur le dos, il ne fait aucun mouvement de peur de le faire partir ; il reste là, le cou allongé, le jarret tendu et la patte levée. Lorsqu'il est bien dressé, il ne force jamais et attend fort longtemps son maître dans cette position gênante.

Il y a un grand nombre d'espèces de braques. Le *braque français*, qui a la tête forte, le museau carré, l'œil petit, les narines bien ouvertes et les lèvres pendantes, le cou est un peu allongé. Sa taille varie entre 65 et 80 centimètre. Le poil ras est taché de marron ou de brun sur fond noir.

Il est docile, prudent et chasse avec intelligence pour son maître.

Le braque français est celui qui conserve le mieux l'odorat aux époques des grandes chaleurs.

Il peut servir à tous les genres de chasses quoique ce soit surtout dans la chasse en plaine qu'il excelle;

Fig. 9. — Pointer.

toutefois, pour la chasse au marais, il ne peut être utilisé, car il a une grande répugnance pour l'eau.

Les *braques anglais* ou *Pointers* sont également très remarquables.

Voici les caractères de ce chien :

Tête plutôt grosse que longue, front élevé, museau large un peu carré, cou long et arrondi. Peau fine, reins solides.

« Si les setters, dit M. Caillard, ont une origine à peu près certaine, s'il est possible de remonter dans le passé jusqu'à la formation de leur race, la difficulté est grande pour arriver au même résultat en ce qui concerne la classification des espèces de pointers. »

Pour nous, après maintes recherches personnelles, après avoir entendu les éleveurs les plus érudits d'Angleterre discuter sur cette matière, il ne reste en résumé dans notre esprit que probabilités et incertitudes. Le goût de chacun s'est livré carrière. Les couleurs, la taille sont diverses. Pointers blanc et orange, blanc et marron, blanc et noir, noir et feu, tricolore, bleu, toutes les nuances ont été adoptées par la fantaiste de l'éleveur, et elle ne peut aujourd'hui nous guider que dans la désignation de certaines espèces plus ou moins améliorées, mais dont il est impossible d'indiquer la formation première.

Le pointer n'est autre chose qu'un braque, et les croisements les plus étranges, les plus inattendus ont produit les variétés qui existent actuellement.

Le *braque espagnol* (1), avec son excessive puissance de facultés olfactives, a été l'un des premiers éléments que les Anglais ont introduits chez eux. Ils ont corrigé ses formes épaisses, sa structure si contraire au dévoloppement de la vitesse, par l'intrusion du sang du fox-hound.

Ce mélange, formé de deux éléments étrangers, a donné au braque espagnol a vitesse, le fond, une grande force de résistance, de la taille et ces grandes allures si recherchées de nos voisins.

(1) Le braque espagnol a la tête forte, le museau large, les oreilles pendantes. Le pelage est blanc et marron foncé.
Il est lent et se fatigue très vite lorsqu'il est à la chasse.

Les pointers sont d'un développement plus précoce que les setters. Dès leur plus bas âge ils montrent leurs aptitudes.

Les Anglais ont divisé leurs races de pointers en chiens pesant 55 livres et au-dessus, et en chiens de 50 jusqu'à 55 livres, c'est-à-dire en chiens de moyenne et de grande taille.

A notre avis, le chien trop grand est encombrant, plus bruyant dans les champs ou les taillis. Cela est encore affaire de goût.

Les pointers en bonne condition de travail sont les chiens les plus résistants à la chaleur ; mais, si quelques-uns deviennent, sous l'empire de l'éducation, de bons chiens de bois, voire même d'eau, il ne faut pas se dissimuler que ces résultats sont en dehors de leurs aptitudes naturelles.

Le pointer est le chien spécial de l'été et de l'automne. Les variétés, je l'ai dit, sont infinies, et la palette du peintre peut noter les tons les plus extravagants sans qu'on puisse affirmer que le pointer qu'il représente n'a pas existé.

Les chiens blanc et orange et blanc et marron sont les plus répandus. Est-ce à dire que ce sont les meilleurs? Ce sont, en tous cas, ceux qui se trouvent généralement dans les chenils très peuplés des éleveurs actuels en Angleterre, et il est certain pour nous que nos races françaises de braques ont dûment contribué, depuis une quarantaine d'années, aux résulats actuels. Il suffit d'examiner les pointers de grande taille aux expositions anglaises pour reconnaître les éléments de types aujourd'hui perdus pour nous et très distincts de l'ancien type du pointer (1).

Chien Danois. — Le danois n'est qu'un métis du lévrier et du mâtin, précédemment étudiés.

C'est un grand et beau chien, dit Brhem, à formes nobles; ses jambes sont élancées, ses oreilles droites et courtes, un peu pendantes, ses yeux grands, vairons ou blancs; sa queue est lisse, son museau pointu, son nez rose ; toute la bête est plus massivement bâtie que le lévrier. Sa couleur est un mélange de brun, de gris-souris et de noir; sa robe a cela de particulier qu'elle est d'ordinaire grise, ou d'un blanc bleuâtre, mouchetée de taches noires, rondes et assez régulières, ce qui fait que ce chien a reçu quelquefois le nom de *chien tigré;* la poitrine et la gorge sont toujours blanchâtres.

Les individus qui ont le nez rose et les yeux blancs peuvent faire remonter leur origine jusqu'aux Alans, décrits par Gaston Phœbus.

Ce chien est rare en France et en Allemagne, mais non en Danemark et en Russie. En Angleterre, c'est le compagnon fidèle des chevaux.

Le chien danois est un animal fidèle, doux et vigilant. On l'employait autrefois à la chasse de la bête fauve, des ours et des élans: on ne le fait plus maintenant.

Comme chiens de garde, les danois eussent dû être conservés en France, car cette race est non seulement très belle de formes, mais encore on cite l'aménité et

(1) P. Caillard. Ouvr. cit.

la douceur de son caractère, qualité rare chez les chiens destinés à protéger le seuil du logis, qui bien souvent ont méconnu leur maître (1).

Chien de Dalmatie. — C'est un danois de grande taille qui rappelle à la fois le pointer et le chien courant par ses formes. Il est moins svelte et moins élancé que le précédent. Il est aussi beaucoup moins intelligent. Son pelage est caractéristique, blanc, marqué de taches rondes d'un beau noir, de la grandeur d'une pièce de cinquante centimes environ.

Ce chien, autrefois très à la mode en France, disparaît de plus en plus. En Dalmatie il est employé comme chien d'arrêt.

Griffons. — Les griffons ont la tête plus ronde et plus courte que celle de l'épagneul, elle paraît plus grosse à cause des longs poils qui la hérissent et cachent presque entièrement les yeux.

Le griffon a les babines garnies de moustaches incultes, sa robe est d'un blanc sale ou jaunâtre, tachetée de fauve ou de brun, ce qui lui donne un air grossier et sauvage, bien que son caractère soit bon, courageux et fidèle. On lui reproche pourtant son peu d'obéissance et son obstination; mais quand il est dressé, on tire un excellent parti de ce sujet robuste, infatigable, qui nage et barbote à merveille, et se glisse hardiment dans les ajoncs et les buissons.

(1) Brehm. *L'homme et les animaux. Les mammifères* T. I, p. 389.

Les griffons, dit Sélincourt, chassent le nez haut, arrêtent tout, et chassent aussi le nez bas et suivent par le pied.

Fig. 10. — Griffon.

Il y a des griffons à poil dur qui sont de couleur lie de vin ; ils ont conquis une juste célébrité.

Ceux qu'on nomme *bouffes* et qui, d'après Buffon, auraient pris naissance d'un croisement entre l'épagneul et le barbet, ont le poil à demi-frisé, laineux et long, formant sur les épaules un épi caractéristique.

Les métis provenant du griffon et de l'épagneul ont aussi un certain renom, ils ont les teintes grivelées de ce dernier. Ce sont de bons chiens auxquels on reproche néanmoins un peu d'obstination.

Barbet ou Caniche. — Ce chien a la tête ronde, le poil long et frisé; son corps est trapu, les jambes courtes et fortes. Le poil a l'aspect laineux, aussi doit-il être tondu pendant l'été. Son pelage est blanc ou noir. C'est le plus intelligent de tous les chiens.

Comme le fait remarquer M. Gayot, ce ne sont pas seulement les races qui se modifient, ce sont aussi les noms qui changent.

Au XVIe siècle, par exemple, on confondait sous la même appellation de *barbets*, tous les chiens à long poil : griffons courants, griffons d'arrêt et chiens couchants à toison frisée, ceux que nous appelons aujourd'hui *caniches*. Très fréquemment employés alors à la chasse des oiseaux aquatiques, ces derniers étaient désignés sous le nom de *chien cane*; la femelle seule portait celui de *caniche*.

Aujourd'hui, entre barbets et caniches, il n'y a qu'une distinction peu tranchée : on applique volontiers à l'un la détermination de l'autre et réciproquement. C'est sans conséquence, en ce qui les concerne, tant les points de ressemblance sont nombreux. Il n'en est plus ainsi des autres, qu'il a fallu séparer et étudier à part.

« Les barbets frisés et à demi-poil, dit Sélincourt, suivent tout par le pied, chassent le nez bas quand le gi ier fuit, et, quand il demeure, chassent le nez haut et l'arrêtent. Ils chassent sur terre et dans l'eau; leur principale nature est de rapporter. Ils sont rudes au gibier, les frisés plus que les autres, mais tous sont les plus fidèles chiens du monde et qui ne veulent connaître qu'un maître et ne le jamais perdre de vue »

Fig. 11. — Caniche.

M. le baron de Noirmont ajoute : « Il y avait de très grands barbets, dont le poil quoique frisé, était moins laineux que celui des caniches. On a cessé d'employer ceux-ci à la chasse, mais on a cultivé leurs talents d'agrément, leurs aptitudes variées. C'est parmi eux que se recrutent les chiens savants. Leur intelligence est bien connue; elle a fait leur fortune, je ne dis pas leur bonheur, car leur étrange destinée se partage entre les tréteaux des jongleurs et l'escabeau de l'aveugle. »

« Il faudrait un volume, continue M. Gayot, pour faire l'histoire du caniche, pour raconter les traits les plus saillants de sa vie. Ceux-ci fourmillent, plus curieux, plus extraordinaire, plus étonnants, plus merveilleux les uns que les autres; ils sont divers, ils feraient supposer dans l'animal des aptitudes complétement opposées. Le caniche est l'antipode des spécialistes. Animal complet, il a toutes les facultés, toutes les vertus, toutes les perfections, à l'exclusion de tous les vices. Il brille par les qualités les plus hautes dans l'ordre civil et dans l'ordre militaire; il a sa place dans les fastes de la nation. Il s'attache au plus pauvre, au plus déshérité, non moins qu'au plus riche et au plus heureux; il devient, suivant l'occurence, l'ami fidèle, le compagnon inséparable et dévoué, le guide sûr, incorruptible, d'un seul ou de plusieurs. On l'aime et on l'admire quand, après avoir tenu pendant tout un jour la sébille de l'infortuné, on le voit, ramenant le soir au logis celui qui l'exploite dans son attachement, dans sa fidélité, dans son désinteressement.

CHAPITRE X

CHIENS EMPLOYÉS A LA GARDE DES TROUPEAUX ET CHIENS EMPLOYÉS COMME ANIMAUX DE TRAIT

Division. — Dans ce groupe assez nombreux, nous bornerons notre examen au chien de berger, chien de montagne, chien de Terre-Neuve, chien de Poméranie, du Labrador, des Esquimaux, etc.

Chien de berger. — Nous sommes ici en présence du chien utile par excellence, peut-être le plus utile. C'est une plume plus autorisée que la nôtre qui doit le présenter aux lecteurs de ce livre; nous laisserons donc ce soin délicat à M. E. Menault, inspecteur de l'Agriculture.

Le chien de berger est le premier ministre du berger. Il exécute tous ses ordres : il maintient le troupeau dans la légalité, il rappelle les délinquants à l'ordre, avertit de la voix celui-ci, mord quelquefois celui-là. Il est ministre, préfet de police et garde champêtre. Pour remplir tant de fonctions, il importe qu'un chien soit intelligent. On rencontre cette qualité éminemment développée dans le chien de la Brie, qui se retrouve, dit-on, en Irlande, en Sibérie, au cap de Bonne-Espérance, à Madagascar, etc.

Tous ces chiens ont les oreilles droites, le poil épais et long, soyeux en dessus, laineux et en forme de

Fig. 12. — Chien de berger d'Amérique.

léger duvet en dessous, disposé par mèches longues, excepté à la tête et sur les pattes ; la robe est souvent noire ou noirâtre, avec du jaune de rouille au museau, autour des yeux et aux jambes ; la queue, lorsqu'elle n'a pas été mutilée dans le premier âge, est garnie de longs poils, surtout à la face inférieure.

Buffon, qui a fait un si beau portrait des qualités du chien de berger, pense que cet animal est celui qui se rapproche le plus de la race primitive (1).

C'est le *chien de Brie*, qui passe à juste titre comme le type le plus parfait du chien de berger. Nulle part, dans aucun pays du monde, dit M. Sanson, il n'y en a de plus apte à la fonction, faisant preuve d'une intelligence plus développée et d'une connaissance plus complète du métier. Avec ces chiens là le moindre désir exprimé est aussitôt compris et satisfait, et ils donnent à chaque instant les preuves d'une initiative dont beaucoup d'hommes, certes, ne sont point capables au même degré. Ce qui est curieux surtout, c'est de les voir, quand ils sont plusieurs pour le même troupeau, se distribuer les rôles et chacun remplir le sien ponctuellement, sous la surveillance de l'un d'eux, qui est généralement le plus ancien. Le berger, assis à l'ombre ou appuyé sur sa houlette, assiste impassible à cette police si bien faite, dont l'objet est d'empêcher que les bêtes ne s'écartent du pâturage qui leur est assigné. Se promenant gravement sur les bords le chien, sans avoir besoin d'ordres, réprime aussitôt les infractions qui peuvent se commettre. Avec ces chiens, le berger des envi-

1) E. Menault. *Le Berger*.

rons de Paris cause comme avec des amis. Il leur fait part de ses intentions et de ses projets de déplacement, sur le même ton qu'il prendrait en s'adressant à l'un de ses aides. Et ils les comprennent, puisque les choses s'exécutent invariablement. Si ces chiens de la Brie ont été anciennement dressés à leur métier par l'homme c'est ce que nous ne savons pas. A coup sûr ils en ont l'instinct ; mais ils en ont aussi l'intelligence, et très développée, qui se transmet héréditairement. Les psychologistes disposés à le leur dénier feraient bien de les observer attentivement. Ils seraient conduits à rectifier leurs idées dogmatiques (1).

Chien de Terre-Neuve. — L'origine de cette belle race fait l'objet de bien des doutes et de bien des incertitudes, car il est bien certain, malgré la dénomination appliquée à ces bêtes, que lorsque les anglais débarquèrent à Terre-Neuve, en 1622, ils n'y trouvèrent point de ces chiens.

Voici les caractères de ces chiens :

Grande taille, forte stature, 80 centimètres de haut. Tête large et longue ; oreilles moyennes, pendantes, à longs poils. Pattes hautes et fortes ; queue longue, touffue et tombante. Pelage épais. Les doigts sont en partie palmée, aussi les chiens de Terre-Neuve sont-ils d'excellents nageurs. La robe est généralement noire, avec des taches rouges clair aux pattes et à la tête.

(1) Sanson. *Art. Chien. Dictionnaire d'Agriculture*, de Barral et Sagnier, t. II, p. 256.

Ce sont des chiens très intelligents et très dociles. Excellent chien de garde.

Le chien de Terre-Neuve est une manière d'amphibie. « J'entends par là, dit M. Gayot, qu'il a une vocation toute particulière pour l'eau. Il se plait à y aller, à y demeurer. Il y baguenaude à la recherche des objets qui flottent à sa surface. On a profité de ce

Fig. 13. — Terre-Neuve.

goût spécial pour l'appliquer au sauvetage des noyés. Il est aux malheureux qui se perdent dans les eaux ce qu'est le chien du Saint-Bernard à ceux qui se perdent dans les neiges. Il est excellent plongeur, ami de l'homme, fidèle et dévoué. L'éducation développe avec succès ses bons instincts, et lorsqu'il va chercher une personne au fond des eaux, il s'y emploie avec tant de douceur et de précaution qu'il la sauve sans lui faire aucun mal. »

Le chien de Terre-Neuve indigène est plutôt de moyenne taille que de grandes proportions. Il est à citer aussi pour son courage. On emploie à Terre-Neuve, dit une notice publiée par la Société zoologique d'acclimatation, les chiens au charriage des bois, et, pendant la saison de la pêche, qui est pour eux la morte-saison, on les laisse errer au hasard autour des villages et chercher leur nourriture comme ils peuvent (Hamilton-Smith).

L'espèce primitive est toute noire, à poil plutôt ondé que frisé, petite de taille, un peu longue de corps et basse sur pattes. C'est par des croisements avec des chiens de montagne que l'on a obtenu la grande variété de Terre-Neuve blancs et noirs, si commune chez nous. En Angleterre, l'espèce typique noire est assez commune et la plus estimée (Pichot).

« Les Terre-Neuve, continue M. Pichot, sont de véritables chiens d'eau; les doigts de leurs pattes sont largement palmés, et leur précieux talent de natation les a souvent rendus utiles dans les sauvetages. Il y a des chiens de Terre-Neuve à *poil ras*; ils sont tout noirs, un peu bas sur pattes et longs de corps. Cette variété est rare et peu connue en Europe. »

Chien de montagne. — Le chien de montagne provient du chien de berger et du mâtin. Il est de haute taille, sa tête est forte; son museau gros et allongé, les lèvres d'un rouge foncé, les oreilles courtes et rabattues; la queue est touffue et relevée en panache.

Fig. 14. — Chien de montagne

Le pelage est long, épais, dur et frisé, blanc ou brun taché de gris.

C'est un excellent gardien, doux et fidèle, souvent utilisé pour la garde des troupeaux dans les pays de montagne.

Chien du mont Saint-Bernard. — Dans la première partie de cet ouvrage, nous avons déjà eu l'occasion de parler de ces admirables bêtes, qu'il nous reste à caractériser maintenant :

« Grand chien, au museau court et large, aux pattes fortes et robustes. Pelage long et soyeux. » Il ressemble au type précédent, mais sa taille est un peu plus forte et il semble plus perfectionné.

« Sur le Saint-Gothard, au Simplon, à la Grimsel, à la Furca, on entretient, au dire de Tschudi, des chiens qui sentent à merveille la présence de l'homme. »

Les habitants des hospices disent que ces chiens s'aperçoivent à l'avance, surtout en hiver, de l'approche de la tourmente, deviennent impatients, vont de l'un à l'autre.

Un chien du Saint-Bernard fut emmené par un voyageur; mais le changement d'existence, ainsi que le manque d'exercice, altéra son caractère, car il devint assez poltron pour s'enfuir précipitamment à l'approche du plus petit chien; il était lourd et triste, mais sa douceur était parfaite.

L'*Ami*, amené en 1829 du Saint-Bernard, fut montré à Londres et à Liverpool. M. Clarck, de Holborn, grand amateur de chiens et de cette espèce en particulier, communiqua à M. H. D. Richarsdon la lithographie faite par lui d'après le portrait de l'Ami, et lui donna sur les vrais chiens du Saint-Bernard, un récit complet qu'il tenait des meilleures autorités.

Peut-être le plus bel échantillon vivant de cette race est le chien qu'on a admiré longtemps à Chats-

Fig. 15. — Chien du mont Saint-Bernard.

worth. C'était un chien d'une taille charmante, de couleur jaune avec un museau noir. Il y en a aussi un au château d'Elvaston, dans le comté de Derby, qui fut payé 50 guinées par lord Harrington. A Dublin, ces chiens étaient communs. Ils furent introduits par un français nommé Casserane, qui s'établit boucher au marché d'Ormond. Il avait un mâle et une femelle. Leurs petits, à peine sevrés, furent achetés promptement 5 guinées chaque. M. Flood, de Stillorgand, en possède un bel échantillon. Richardson raconte qu'un de ses parents avait aussi une belle bête de cette espèce. *Donna*, c'était son nom, était très folâtre, mais sa taille énorme rendait ses caresses plus rudes qu'agréables. Un jour son maître, allant baigner *Donna* qui l'avait accompagné, suivant avec une curiosité évidente les progrès de sa toilette de bain. Il n'eut pas plutôt plongé qu'elle s'élança après lui, inquiète sans doute pour sa vie, le saisit par l'épaule et, malgré toute sa résistance (car il était en même temps très fort et excellent nageur), elle le traîna au rivage avec plus de zèle que de ménagement ; et jamais il ne put se mettre à l'eau en présence de *Donna*.

Chien loup ou chien de Poméranie. — Le chien loup, dit l'auteur précédemment cité, est moins remarquable. Il est encore appelé vulgairement *Loulou*.

Le chien loup est de taille petite ou moyenne ; il n'atteint pas 50 centimètres à l'épaule ; il a le museau pointu ; ses oreilles sont parfaitement droites, et sa queue n'est pas frangée, mais touffue comme celle du renard, et recoquillée en avant. On l'appelle souvent *chien-renard* à cause de sa ressemblance avec cet animal. Les plus petits ont reçu le nom de *Roquets*.

Un véritable chien-loup est uniformément blanc, noir, gris, roux ou fauve, avec une tache blanche, au plus, sur le front et à la poitrine, et les pattes noires; on estime assez ceux qui sont roux, avec la face noire.

Chez la plupart des variétés, les poils sont courts ou longs, fins ou grossiers. Chez le chien-loup de Poméranie, ils sont toujours fins et d'un blanc pur.

Le chien-loup de Poméranie paraît être la meilleure race; il est le plus fidèle, le plus attaché à son maître; il est très vif, ne s'inquiète ni du froid ni de la pluie et se couche ordinairement en plein air, là où le vent est le plus fort.

Tous les chiens-loups ont les mêmes qualités; tous aiment beaucoup leur liberté. Le chien-loup ne vaut donc rien comme chien à l'attache. Sa fidélité, son incorruptibilité, en font un gardien excellent, faisant sa ronde nuit et jour.

Il était autrefois très commun en France, où il gardait, avec une bruyante vigilance, les impériales de diligences et les voitures de roulage pendant l'absence du courrier ou du charretier. Le type pur semble vouloir disparaître.

On en trouve encore beaucoup en Hollande, dans les bateaux qui naviguent sur les canaux; ils y exercent la même surveillance que jadis sur les impériales de voitures publiques (1).

Chien des Esquimaux. — Le chien des Esquimaux, avons-nous dit ailleurs, est fort et robuste. Comme aspect général, il ressemble au loup. Voici ses caractères : tête allongée, oreilles droites et poin-

(1) Brehm. Ouvr. cit.

tues, poils longs et touffus, surtout en hiver; au printemps, cette épaisse toison tombe, pour être remplacée par un poil plus fin; la queue est longue et abondamment garnie de poils. Ce chien n'aboie pas, il pousse des hurlements prolongés.

Il rend de grands services aux habitants des régions glacées qu'il habite, car, on peut dire que sans ces précieuses bêtes, l'existence des Esquimaux serait impossible. Malgré cela, ce malheureux chien est traité avec la dernière rigueur; il tire les traineaux, porte les charges les plus lourdes, et, en échange de ces services, reçoit des coups et quelques débris de nourriture tout à fait insuffisants. Aussi ces chiens cherchent-ils à se soustraire à cet esclavage ; toujours affamés, ils sont voleurs, et s'emparent de tout ce qui est à leur portée.

Avec ses semblables, le chien des Esquimaux est hargneux et batailleur, souvent même il montre les dents à l'homme, bien plus rarement aux femmes. N'allez pas croire que c'est par pure galanterie; non, c'est *simplement* de la reconnaissance, car les épouses des Esquimaux se montrent d'ordinaire plus douces envers ces animaux, dont elles soignent d'ailleurs les petits. De là, on le comprend sans peine, leur prédilection pour ces dames.

Indépendamment de leur emploi comme bêtes de somme, ces chiens servent encore à la chasse du veau marin et à l'ours en hiver, au renne en été.

Le *Chien du Kamtschatka* a beaucoup de ressemblance avec le précédent. C'est le seul animal domestique de ce pauvre pays.

Le *Chien de Sibérie* appartient également au même type ; il est utilisé comme animal de trait. Il est mieux soigné, mieux nourris et partant beaucoup plus sociable que le chien des Esquimaux.

CHAPITRE XI

CHIENS DE GARDE, CHIENS DE LUXE, CHIENS D'APPARTEMENTS

Chien dogue ou Molosse. — Les dogues, encore appelés molosses ou mastiffs, sont caractérisés par une énorme tête, due à l'écartement des branches de la mâchoire, au volume des muscles de cet organe, et par des lèvres larges et plus ou moins pendantes, un museau raccourci et comme arrondi, un nez fendu, des yeux flamboyants, une poitrine large, des reins forts, une queue généralement droite et des oreilles médiocres, de forme déjà très arrondie, et à demi-pendante; leur peau forme sur le front des rides nombreuses et leur poil est ras et serré.

Le vrai dogue-molosse a le corps gros, les flancs légèrement rentrés, l'échine non incurvée, la poitrine large, le cou court et gros, la tête ronde, haute ; le front fortement bombé, le museau court et très obtus. Les lèvres épaisses et pendantes, retombent sur les deux côtés de la mâchoire, sans s'écarter en avant, et sont continuellement dégoûtantes de salive. Ses oreilles sont assez longues, de largeur moyenne, arrondies, à demi-dressées, à pointe recourbée et tombante. Il a les jambes de hauteur moyenne, fortes, épaisses; les pattes de derrière n'ont pas de doigt rudimentaire. La queue, assez longue pour atteindre l'articulation tibio-tarsienne, est épaisse à sa naissance et diminue vers le bout ; l'animal la porte rarement horizontale ; il la tient d'ordinaire relevée et courbée en avant.

La couleur du pelage est fauve ou jaune brun, à taches quelquefois noires ; le museau, les lèvres, le bout des oreilles sont noirs ; il y a du reste, sous ce rapport, des variations nombreuses. Le corps a en général 80 centimètres de long ; la queue 35 centimètres, la hauteur, au garrot, est d'environ 65 centimètres.

L'Irlande paraît être la patrie du dogue ; c'est là, du moins, que l'on trouve les plus belles races.

Cet animal est lourd, sa course est peu rapide et de peu de durée, mais il est doué d'une force remarquable, de beaucoup de résolution, d'un courage incroyable, il peut passer pour le plus courageux des animaux. Ces qualités sont d'ailleurs bien connues, et elles font qu'on emploie les dogues dans les chasses dangereuses ; qu'on leur fait combattre les bêtes féroces, etc. Au commencement de ce siècle, les Anglais se donnaient le spectacle de combats de dogues et de taureaux, même d'ours et de lions ; on lâchait trois dogues contre un ours, quatre contre un lion....

Moins intelligent que la plupart des autres chiens, le dogue n'est cependant pas aussi dénué, sous ce rapport, qu'on le pense généralement. A le voir, on dirait un représentant de la force brutale, et l'on a cru et souvent répété qu'il ne possédait aucune qualité intellectuelle ; cette imputation n'est pas juste.

Un dogue, cité par M. Blaze, savait se rendre compte de l'heure aussi bien que du jour.

Il n'est pas méchant pour les autres chiens : il ne leur cherche pas de dispute, et supporte tout de la part de ceux de petite taille ; il est patient, mais si les taquineries se prolongent trop, sans grognements, sans grands aboiements, sans recourir à la ruse, il se précipite sur son adversaire, l'attaque de face, et se contente le plus souvent de le renverser et de le maintenir à terre, tant du moins que celui-ci ne lui oppose aucune sérieuse résistance. Le dogue est fidèle à son maître, il lui est attaché, mais sans devenir importun. Il est dangereux pour les étrangers ; il est même terrible quand on l'excite contre eux.

Le dogue s'habitue à l'homme, sacrifie sa vie pour lui. Il garde à merveille nos habitations et nos biens, déploie dans la défense de ce qu'on lui a confié un courage exemplaire. C'est un compagnon de voyage précieux dans les contrées dangereuses et désertes ; bien des fois on a vu un dogue défendre son maître contre les attaques de cinq ou six brigands, et sortir de cette lutte inégale criblé de blessures, mais victorieux. Il est excellent pour la garde du gros bétail ; il dompte le taureau le plus sauvage ; au moment favorable, il le mord au museau, et y reste suspendu jusqu'à ce que le taureau lui obéisse.

Tel est le portrait que Brehm trace du dogue ; nous y ajouterons celui du *doguin*. C'est un petit dogue, à poitrine large, il est un peu plus lourd et plus massif ; la tête est large et épaisse, le museau court, le nez fendu, les oreilles longues et pendantes, la mâchoire inférieure dépasse un peu la supérieure. C'est un bon chien de garde, mais il est triste, morose et brutal.

Bouledogue. — Le bouledogue, réputé comme un des meilleurs chiens de garde, est caractérisé par une tête ronde, le crâne fortement déprimé, les oreilles dressées et petites, le museau tronqué, le nez retroussé, les mâchoires énormes. Le corps est court, la poitrine large et développée, les jambes solides et musculeuses. Le pelage est fin, de couleur fauve ou noire, parfois tacheté de blanc.

C'est en Angleterre qu'on trouve les plus beaux chiens de cette race.

L'exposition canine de 1863 a donné lieu à une excellente étude de cette race. Elle est due à un amateur distingué, M. Pierre Pichot, à qui nous l'empruntons :

Il n'y a pas de chiens, écrit-il, dont on ait plus médit que des bull-dogs, « et cela bien à tort, car si leur caractère est triste et morose, ils ont autant d'affection peur leur maître que n'importe quel autre chien, et leur intelligence est aussi développée que celle de toute autre race. C'est d'ailleurs une race pure dans laquelle on trouve toutes les qualités d'un très haut rang, et entre toutes une audace inouïe, un courage à toute épreuve. C'est le zouave de la gente canine. Aucun chien n'endure aussi facilement que lui la fatigue, et dans ses combats avec les renards, les blaireaux ou tout autre adversaire, il semble insensible à la douleur. En un mot, rien ne le rebute ou ne le décourage. »

Chien de la Havane ou chien de Malte. — Ce chien est d'origine très ancienne, car Strabon en parle assez longuement. Malgré son nom, il ne vient ni de Malte, ni de la Havane, il paraît plutôt originaire de l'Archipel Indien d'où il a passé en Grèce et en Italie; aussi le nom de *Bichon,* sous lequel il a été décrit par Buffon, serait-il bien plus rationnel.

Ce chien est de petite taille, son poids ne dépasse guère cinq livres. Il a le corps allongé, la tête ronde, les oreilles courtes et tombantes, les yeux et le nez noirs, la queue est relevée et tombe sur la hanche. Tout le corps de cette mignonne petite tête est recouvert de poils longs et soyeux qui empêchent de distinguer les formes. Les jambes sont courtes et garnies de longs poils.

Le pelage du *bichon* est blanc ou jaunâtre, d'un éclat lustré, lui donnant l'aspect de la soie.

Il est d'un caractère vif et enjoué. Il est fidèle et intelligent. C'est le chien d'appartement par excellence, mais les individus purs deviennent de plus en plus rares.

King-Charles. — Le King-Charles est un petit épagneul. Voici ce qu'en dit la Société zoologique d'acclimatation :

« Les petits épagneuls comptent plusieurs races très célèbres et ont de tout temps été les chiens de luxe les plus estimés. Les King-Charles prennent leur nom de Charles II, d'Angleterre, et cette race, depuis cette époque, a été conservée dans toute sa pureté par les duc de Norfolk. Ils ont le museau très court et la tête remarquablement ronde; l'œil est proéminent, les oreilles tombantes et couvertes de longs poils soyeux et légèrement ondés, traînant jusqu'à terre, leurs pattes même en sont abondamment fournies; enfin ils doivent être noirs, marqués de feu aux yeux et aux pattes. Il y a une variété noire et blanche, mais qui est plus grosse que l'espèce noire et feu et moins estimée ».

Le King-Charles, fort recherché par une certaine classe d'amateurs, trouve, à côté, des juges extrêmement sévères. M. Victor Borie leur voit de grands yeux bêtes, des jambes courtes et torses; il les voit traînant péniblement leur derrière, orné d'une trop lourde queue; il les appelle des « chiens ridicules » qu'ont remplacé de nos jours, auprès des dames, le non moins affreux Carlin de nos pères. »

A ce portrait peu flatté et peu flatteur tout à la fois, fait observer M. Gayot, je ne reconnais pas les beaux King-Charles que j'ai souvent caressés tantôt ici et tantôt là. Les yeux sont gros, mais non dépourvus d'intelligence. Dans son genre, la tête est belle, admirablement coiffée; la physionomie est avenante, le manteau est soyeux et fin, la queue est riche, les membres sont terminés par d'élégantes manchettes, l'harmonie est dans toutes les régions du corps et les allures sont franches.

Le King-Charles est extrêmement doux, mais plus timide encore avec ceux qui le caressent. Il ne répond guère aux avances qu'on lui fait; elles lui pèsent et semblent blesser sa modestie. Il n'aime pas qu'on s'occupe de lui, mais il n'en témoigne aucun déplaisir. Lorsqu'on lui parle avec bienveillance, il se couche et se traîne comme pour montrer qu'il aurait préféré qu'on l'eût laissé paisible ; il est obéissant en ce sens qu'il ne fait point ce qu'on lui défend de faire ; mais pour le reste, il désire conserver son libre arbitre. Il ne se plie volontiers au caprice, à la fantaisie de personne, et n'oppose qu'une force d'inertie aux sollicitations qui ne sont point de son goût. Naturellement propre (la propreté va bien à son élégance et à ses façons d'aristocrate), il refuse de sortir par la pluie et par la boue. On peut le contraindre ; il se soumet alors, en est-il plus heureux ?

Il est susceptible d'un très grand attachement, mais il ne se prodigue pas. Bienveillant, je ne trouve pas d'autre mot, pour tout ceux de la maison, il n'aime réellement que l'un de ses habitants à la fois. Il aime sérieusement alors, sérieusement et exclusivement. Ce ne sont pas les caresses reçues qui l'attachent, c'est le choix qu'il a fait, *proprio corde*. La favorite vient-elle à disparaître, il la cherche en silence, il la regrette ; son chagrin se manifeste souvent d'une manière des plus étranges, il s'en prend à quelque chose, à quelqu'un jamais ; il mettra en lambeaux un tapis, un fauteuil, un tabouret, un canapé, et ceci deviendra le travail d'une nuit sans sommeil, d'une nuit passée dans le désespoir. Lorsque la lumière se sera faite pourtant, lorsque tous les regrets auront été reconnus inutiles et vains, toute l'affection donnée sera reprise et reportée exclusivement sur celui ou celle que chérissait le plus la personne absente. Nulle autre n'en recueillera la moindre parcelle, tout ira se concentrer sur un seul.

Un animal qui se conduit ainsi est essentiellement aimant, mais il fait preuve aussi d'intelligence dans le choix de la personne aimée. Le King-Charles est fidèle et de bonne garde. Sans flatter jamais qui que ce soit, recevant avec reconnaissance les soins nécessaires sans jamais demander rien, il veille avec sollicitude sur le maitre qu'il s'est donné et sur tout ce qui lui appartient. Son affection est sincère, sans affectation, vive et profonde sans manifestations d'aucune sorte; il aime avec désintéressement, car il ne sollicite jamais.

Il est sobre et prévoyant (sa prévoyance vient de sa nature concentrée). Son repas étant trop copieux, il en distraira ce qui pourra être conservé. Alors il le range, il le cache pour le mettre à l'abri des voleurs, il l'enfouit sous terre. Puis l'appétit revenant, si on ne lui donne pas assez, plutôt que de demander ou d'importuner, il va à sa cachette, trouve sa réserve et mange honnêtement ce qui lui appartient.

Telles sont les mœurs de ces jolies petites bêtes qui ne fatiguent ni de leurs caprices, ni de leurs ennuis, ceux qui les possèdent. Ils vivent silencieusement, aiment sans le dire et sans quémander jamais ni récompense, ni salaire. C'est la discrétion à toute épreuve, la discrétion en chair et en os, une vertu des plus rares.

Telle est la réhabilitation que M. Eug. Gayot fait des King-Charles. Ajoutons qu'elle est pleinement justifiée : nous possédons nous-même une petite chienne appartenant à cette race (quelque peu croisée cependant), mais qui n'en a pas moins, à fort peu de choses près, les mœurs si bien décrites dans les lignes qui précédent.

Roquet. — Selon toute probabilité, le chien désigné sous ce nom doit être un produit de la dégénération du dogue. C'est un petit chien à tête ronde et grosse, aux yeux saillants, aux oreilles petites et tombantes ; il a les jambes courtes et la queue relevée, le pelage est variable, le plus souvent noir lustré ou blanc.

Le roquet est vif, courageux, attaché et fidèle, mais criard et hargneux. On dit « hargneux comme un roquet. »

Carlin. — C'est un étrange petit chien, qu'on désigne encore sous le nom de *Mopse ;* il est loin d'être commun en France, mais en Angleterre, il est très recherché et se paye des prix très élevés.

C'est un bouledogue en miniature qui est bien plus trapu ; sa hauteur n'excède que rarement 30 centimètres, il est bas sur pattes ; sa tête est ronde, son museau obtus, sa queue enroulée en trompette est recourbée sur l'un des côtés. Sa robe est fauve ou jaunâtre ; la face est noire jusqu'aux yeux, formant une sorte de masque. Il est peu intelligent, maussade, défiant et capricieux. En résumé, race peu intéressante.

Chien loulou. — Cette race est assez répandue. Le loulou a le museau pointu, les oreilles droites, terminées en pointe ; son pelage est dressé, quelque peu laineux, blanc, quelquefois noir ou café au lait.

Le chien loulou est vif et sautillant. Très attaché à son maître, il aime le grand air et ne supporte pas d'être enfermé. C'est un excellent chien de garde, très apprécié des cochers et voituriers de toutes sortes qui l'apprécient à juste titre, en ce sens qu'il garde leur voiture et par ses aboiements continuels empêche même d'en approcher de trop près.

Contrairement aux précédents, c'est donc bien plutôt un chien d'utilité qu'un chien de luxe.

Chiens de rue. — C'est par les chiens de rue que nous devons clore ce chapitre et en même temps la seconde partie de cet ouvrage. Là encore, nous ne saurions mieux faire que de laisser la parole au maître qui en a fait un portrait des mieux, pour ne pas dire le mieux réussi. Nous avons nommé M. Eug. Gayot :

Produits hétéroclites de l'amour et du hasard, le chien de rue résulte de la rencontre plus ou moins fortuite des ascendants et ne peut se rapporter, à aucun degré, à une race quelconque. Il est de l'espèce, il n'appartient spécialement à aucune variété. Il compose la multitude, *servum pecus*. De loin en loin ou fréquemment, suivant l'occurrence, un sang patricien peut se mêler au sien, car ici aucun noble n'hésite à se mésallier. C'est le fait, c'est l'œuvre des citadins. Les campagnards restent plus entre eux, sortent moins de leur caste, sans qu'aux champs les unions soient beaucoup mieux arrangées, ou que les sexes tiennent davantage à obéir à ce précepte : il faut en mariage des époux assortis. Les longues préméditations, la recherche raisonnée, intéressée, n'entrent dans les calculs ni du mâle, ni de la femelle libres.

Celle-ci se livre, à son heure, au poursuivant le plus adroit, le plus prompt, le plus entreprenant. Ici s'impose le droit du plus fort ; en l'espèce, il est bien certainement le meilleur. Il domine sans partage, car il domine et opprime. Les femelles repoussent les faibles, et les puissants n'ont aucune peine à les éconduire ; c'est entre les forts seulement que peuvent s'établir lutte et dispute.

Il y a là des garanties sérieuses, une sauvegarde effective de la conservation de l'espèce, quelles que puissent être d'ailleurs ses bigarrures. L'espèce est dans le plan de la nature ; les variétés et les races sont œuvres secondaires, produits de l'art, résultats plus ou moins péniblement conquis par l'élevage.

Les chiens de rue, à l'égal de tous les autres quelconques, et plus encore peut-être qu'aucun autre, sont la base solide de l'espèce. Ils suffiraient à la maintenir à son rang, en dehors des efforts tentés pour créer ou pour conserver les races qui rehaussent le plus son utilité, en spécialisant ses aptitudes, en exaltant ses facultés les plus précieuses, d'un usage plus universel, d'une application plus heureuse. Il suit de là que la conservation de l'espèce à laquelle a sagement pourvu la nature, ne préoccupe personne, et que la création et le maintien des races, préoccupation vive de l'éleveur, reste complètement en dehors de l'œuvre première et principale, en dehors de l'existence même de l'espèce...

Tels sont en réalité les chiens de rue, ces animaux qui, suivant la remarque de Buffon, « ressemblent à tous les chiens en général sans ressembler à aucun en particulier, parce qu'ils proviennent du mélange de races déjà plusieurs fois mêlées ». En effet, il n'y aurait point à faire fond sur des reproductions empruntés à cette catégorie variée entre toutes, variables surtout par le fait même de sa reproduction, non seulement au physique, mais aussi au moral. Sous les rapports de la grandeur, de la forme et de la couleur, le doute n'est pas possible. Très souvent la femelle met bas, dans la même portée, des petits de structure et d'aspect bien différents, alors même qu'elle n'a reçu qu'un mâle et que, par conséquent, ils sont tous enfants du même père. Il n'y a ici aucune fixité à attendre, aucune certitude à avoir.

Il ne faudrait pas s'imaginer que les chiens de rue sont les déshérités, que les qualités et les mérites leur manquent. Quoiqu'il en soit ainsi, on les trouve en général admirablement doués et capables. Ils ont les facultés de l'intelligence et du cœur, ils rendent par tous les pays les meilleurs services à l'homme. Ils ont donné mille et mille preuves de capacité, de fidélité à remplir des devoirs difficiles et d'attachement incomparable, ce dernier malheureusement poussé parfois jusqu'à l'aveuglement, jusqu'au danger par conséquent. Il est répréhensible alors, mais alors même il n'est que l'exagération d'une qualité bien précieuse.

Loin d'être une exception, chez le chien, la fidélité et l'attachement sont qualités ordinaires inhérentes même à l'espèce. On s'étonnerait de ne les pas rencontrer en lui au bénéfice du maître, tandis qu'aucune preuve de leur manifestation, si haute qu'on la suppose, ne surprendra jamais personne. On l'admirera, on en sera touché, on n'en sera pas surpris. La seule chose à désirer, c'est que l'intelligence s'y mêle et élève encore au-dessus d'elles-mêmes ces qualités déjà si précieuses.

LIVRE TROISIÈME

ÉLEVAGE ET ALIMENTATION DU CHIEN

CHAPITRE XII

REPRODUCTION

Cette troisième partie comprend :

La Reproduction du chien ;

L'Elevage des jeunes ;

L'Alimentation des chiens ;

L'Habitation et les soins.

Nous consacrons un chapitre à chacune de ces questions, dont l'importance capitale n'échappera pas aux amateurs.

Accouplement. — Quelques auteurs ont discuté à perte de vue sur la question de savoir à quel moment le chien doit être livré à la reproduction. Est-ce à un an, ou même avant, ou bien après ? Cette question nous semble quelque peu oiseuse, car il nous semble qu'ici la nature est le meilleur guide.

C'est évidemment lorsque le chien est en *chaleur*, c'est-à-dire qu'il manifeste le besoin de s'accoupler, qu'on doit lui laisser exécuter cette fonction.

Chez les chiens sauvages, la femelle entre en chaleur une fois par an ; chez les chiennes domestiques le phénomène a lieu deux fois : au mois de décembre et dans le courant de l'été (juin généralement). Cette état dure environ quinze jours, rarement plus.

La chaleur de la chienne est manifestée par des signes extérieurs très sensibles. M. Bénion les résume ainsi :

La vulve est glonflée, proéminente, laissant écouler un liquide sanguinolent. Cet afflux sanguin vers les parties sexuelles et la modification qui a lieu dans le développement et la disposition de ces organes caractérisent la *chaleur*.

De plus, la chienne ne peut rester en place, elle va et vient sans cesse et est fortement excitée. Son appétit est diminué ; sa soif est plus intense.

Cette excitation fait que la chienne quitte souvent la maison pour vaguer et s'accoupler ; si on la tient à l'attache, elle crie et montre par ses aboiements l'ennui qu'elle ressent. Lorsque les chiennes quittent furtivement leur logis, au moment de la chaleur, cette sortie est due souvent à un besoin très grand ; mais beaucoup de celles qui vaguent ainsi ne l'auraient pas fait si elles n'avaient été retenues antérieurement. Elles comprennent le sort qui les attend de nouveau et se hâtent de partir.

L'habitude d'attacher et de retenir les chiennes au moment de la chaleur est des plus fâcheuses.

La chienne exhale à cette époque de l'année une odeur *sui generis* qui attire de très loin les chiens, auxquels elle ne se livre que quatre ou cinq jours après son entrée en chasse.

Le mâle est très ardent et n'abandonne jamais sa femelle; il la suit en tous lieux. La nuit, il attend patiemment des heures entières la sortie de celle qu'il convoite. Il franchit les obtacles et affronte les dangers qu'il fuirait en toute autre circonstance. On a beau le battre durement, l'arroser d'eau pour le faire quitter la maison qu'il assiège, il revient sans cesse et semble faire fi des mauvais traitements.

Dans les campagnes, où les chiennes sont en moins grande quantité, les mâles viennent les trouver de deux et trois lieues et passent plusieurs jours auprès d'elles.

Il ne faut jamais pendant la chaleur renfermer les femelles, ni retenir les mâles, surtout lorsqu'ils sentent les émanations de ces dernières.

L'excitation violente qui les anime, d'une manière d'autant plus grande qu'elle n'est pas continue, les pousse à satisfaire un besoin impérieux. Si on les prive de liberté, il arrive que ceux dont l'excitation est moindre se calment peu à peu, mais que ceux dont le système nerveux est surexcité deviennent enragés. Il existe, en effet, une corrélation intime entre les organes génitaux et le système nerveux, de sorte que, sous l'influence de la surexcitation des organes de la génération, il se produit un transport au cerveau qui peut amener la rage.

Les propriétaires de chiennes devront les faire

couvrir au moins une fois par an, et détruire ensuite les portées, s'il ne convient pas de les garder ; ceux qui possèdent des chiens, loin de les isoler, feront sagement de contenter leurs désirs. Ces mesures de précaution, fait observer M. Bénion, éviteront bien des malheurs en recevant une application générale.

Cependant, si pour une raison ou pour une autre, on ne peut faire couvrir une chienne, il faut lui donner une nourriture très peu excitante, et un léger purgatif, de la manne par exemple, à la dose de 15 à 30 grammes, suivant la taille ; ce médicamment sera administré dans un peu de lard.

C'est au moment de la chaleur seulement que les femelles supportent les approches des mâles, et beaucoup de ces derniers ne les recherchent que lorsqu'elles sont dans cet état.

L'accomplissement est toujours beaucoup plus fécond quand les femelles recherchent les mâles que quand elles les éloignent.

Soins exigés pour produire un bon accouplement. — L'accouplement devrait être l'objet de l'attention continuelle des propriétaires, qui perfectionnerait beaucoup la race canine. Ainsi qu'il est dit plus haut, l'accouplement veut être fait à l'époque de la chaleur. Il est aussi recommandé de faire couvrir les chiennes quand on a le moins besoin de leurs services ; les chasseurs choisissent généralement, pour cette opération, le mois de décembre, pour avoir leurs chiennes libres à l'ouverture de la chasse.

On doit rigoureusement exclure tous les reproducteurs (chien ou chienne) qui ont une tendance à dégénérer, qui n'ont pas toutes les qualités de leur race, qui jouissent d'une mauvaise santé ou sont affectés d'une maladie héréditaire ou non, dont la transmission serait funeste.

Il ne faut pas se borner à choisir des individus jouissant d'une bonne santé, il faut encore que le mâle soit en rapport avec la femelle, qu'ils soient bien assortis, comme taille, formes et constitution. On doit de toute nécessité, rechercher pour l'accouplement des reproducteurs dont la conformation générale sont à peu près identique, et dont les parties parfaites de l'un puissent corriger les défectueuses de l'autre.

En donnant à une chienne de forte taille un chien aux formes maigres, et *vice versa*, on obtient des produits décousus qui ressemblent au père et à la mère, mais toujours par leurs côtés défectueux; ils sont peu agréables à la vue et d'un mauvais service dans beaucoup de cas. Ces accouplements ne produisent jamais de sujets bien conformés.

S'il est impossible de trouver à son gré des reproducteurs égaux en force et en taille, il vaut mieux prendre des mâles plus forts que les femelles. Les physiologistes qui ont avancé une opinion contraire à celle-ci auraient dû mieux considérer les volontés de la nature, qui donne aux chiennes une taille plus petite qu'aux chiens.

En général il est essentiel, pour bien faire, d'éviter des accouplements disporportionnés, de bien soigner le choix des femelles, et enfin de prendre des mâles un peu plus grands que les femelles, *si on ne peut les trouver égaux.*

Pratique de l'accouplement. — On fait l'accouplement en réunissant simplement le chien et la chienne dans un endroit renfermé. On les y laisse quelque temps sans les déranger en quoi que ce soit, et bientôt la monte a lieu. Les chiens, lors du rapprochement, par suite d'une disposition anatomique particulière des organes génitaux et de circonstances physiologiques spéciales, restent accolés contre leur gré pendant un temps plus ou moins long qui dure parfois plusieurs heures. Il est alors bien inutile, cruel même de les accabler, comme on le fait souvent, de coups de bâton, d'ondées liquides, de coups de pied, etc., ce sont là des faits qui prouvent bien peu en faveur de ceux qui les exécutent, et qu'on ne saurait trop blâmer.

On a recommandé différents moyens pour séparer ces deux animaux, mais ils ne sont guère efficaces ; le mieux est de laisser agir la nature qui parvient à défaire ce qu'elle a fait. Il est cependant un moyen, qui paraît-il réussit assez souvent : il consiste à maintenir entre les mains, pendant quelque temps, le museau du chien et de la chienne, de manière à retenir un peu la respiration.

Accouplements entre consanguins. Doctrine de l'infection de la mère. — Que valent au juste les accouplements entre très proches parents, père et fille, mère et fils, frère et sœur, etc. D'après les uns ils sont très recommandables, d'après les autres ils n'ont aucune valeur. La vérité est que les uns et les autres ont raison. En effet, la consanguinité élève l'hérédité individuelle à sa plus haute puissance, aussi bien pour les qualités que pour les défauts, aussi un chien défectueux qui n'aurait pas transmis *toutes* ses défectuosités à des chiens, provenant d'un chienne étrangère, les transmettra sûrement s'il couvre sa mère, sa fille ou sa sœur. Mais le fait est tout aussi vrai pour les qualités. C'est donc surtout lorsqu'on accouple des animaux consanguins qu'il faut faire un choix judicieux des reproducteurs.

Ceci nous amène à dire un mot de la doctrine de *l'infection de la mère*, qui est très en cours chez les chasseurs. Voici en quoi elle consiste : Le premier accouplement exercerait une influence sensible sur le produit des gestations qui suivent. Une femelle, de la race du chien mâtin, qui aura été fécondé pour la première fois par un chien de chasse, donne, dans les portéee suivantes, quoique fécondée par des mâles de sa race, des chiens qui ont une aptitude à chasser et des formes qui font deviner une origine primitive. « On dirait, dit M. Bénion, que la matrice a conservé l'empreinte du premier mâle, empreinte ineffaçable qui se répète sans s'altérer. »

Cette doctrine est loin d'être admise par tout le monde, et pour notre compte nous n'y croyons guère; les races de chiens sont tellement hétérogénes que ce sont la plupart du temps des cas d'atavisme que l'on prend pour des cas d'infection; et d'ailleurs, dans le mode d'accouplement généralement appliqué aux chiens, qu'on ne surveille guère en général, plusieurs pères interviennent parfois chez une seule femelle, quoique celle-ci s'en défende, mais souvent ses efforts sont impuissants devant l'ardeur des soupirants. D'ailleurs M. Bénion nous fournit lui-même une preuve qui vient à l'appui de cette dernière manière de voir, et qui ébranle fortement la doctrine de l'infection de la mère. « J'ai vu bien des fois, dit-il, des chiennes de chasse, de race épagneule, couvertes dans la même journée par un épagneul et par un braque, donner plus tard, à la parturition, trois chiens à long poil et trois chiens à poil ras. »

Gestation. — On donne ce nom à la période qui s'écoule depuis le moment où la chienne a été couverte, jusqu'au moment où il est rejeté au dehors.

Cette période, pendant laquelle la chienne conserve ses petits dans son corps et les nourrit à ses propres dépens, dure environ neuf semaines, ou plus exactemen tde 62 à 75 jours ; bien rarement davantage.

Aucun signe remarquable n'accuse, dit M. Bénion, la plénitude de la femelle, et ce n'est guère qu'au bout d'un mois qu'on voit son ventre grossir et descendre. Plus tard, les mamelles prennent du développement, et sur la fin sécrètent du lait, appelé premier lait ou *colostrum*, destiné à purger légèrement les jeunes sujets et à les débarrasser des matières visqueuses qui s'accumulent dans les intestins pendant la vie fœtale et sont expulsées peu d'instants après la naissance (1).

(1) Voy. *Les Vaches laitières*, par Alb. Larbalètrier, 1 vol. de la bibliothèque d'utilité publique pratique. Garnier frères, éditeurs à Paris.

Lorsque la chienne est parvenue aux derniers temps de la gestation, elle devient lourde, marche avec lenteur, saute difficilement et reste souvent couchée. L'appétit est plus développé. Quand le moment de mettre bas est arrivé, elle s'écarte, cherche un endroit isolé à l'abri des intempéries ; d'autre fois, elle se retire simplement dans sa niche. Certaines chiennes de chasse s'éloignent de la maison et vont au loin déposer leurs petits. Les bassets sont souvent dans ce cas.

Soins à donner pendant la gestation. — Lorsque le ventre de la chienne a acquis un développement considérable, il convient de la faire moins travailler, de la moins mener à la chasse. Un repos prolongé et une nourriture plus abondante lui sont nécessaires. Afin de ne pas la blesser, on évitera de la heurter ou de la frapper. Son lit devra être plus mou, propre, sec, à l'abri de la pluie et du vent du nord. Dans les jours qui précèdent la parturition, la nourriture la mieux appropriée est la soupe, qui, par sa partie aqueuse, concourt beaucoup à la formation du lait (Bénion).

Parturition ou mise-bas. — C'est l'acte par lequel la femelle rejette les petits en dehors, leur donne le jour.

La parturition s'annonce chez la chienne par les signes suivants : difficulté de marcher, dans les petites espèces surtout, présence du lait dans les mamelles ; inquiétude. Plus tard, la vulve devient rouge, s'agrandit et laisse écouler un liquide visqueux destiné à lubrifier et à rendre plus élastique le passage qui doit se distendre énormément. Puis viennent les contractions de la matrice et l'expulsion des jeunes chiens qui sortent à peu de distance l'un de l'autre.

Les signes précurseurs de la parturition se voient généralement, tandis que les opérations dernières nous échappent, car la chienne se retire et accomplit seule son œuvre. Elle pousse quelquefois des gémissements qui, joints aux cris des petits chiens, annoncent que tout est terminé.

La parturition est suivie de près par la délivrance ou expulsion des annexes fœtales, c'est-à-dire de tous les organes temporaires qui avaient été indispensables aux fœtus pendant le cours de leur vie intra-utérine, et dont ils se séparent au moment de la naissance. La délivrance s'accomplit par les mêmes moyens et de la même manière que la parturition.

Les portées chez la chienne varient de 1 à 3, de 4 à 6 et plus rarement de 7 à 12 petits.

Les jeunes naissent les yeux fermés; les paupières ne sont pas *collées* comme on le croit généralement, mais adhérentes au moyen d'une membrane qui se rompt peu à peu et est complètement détruite au bout de douze jours. Au fur et à mesure qu'il grandit, les paupières du jeune deviennent plus fortes et peuvent briser cet obstacle. Son corps est gros et bouffi ; ses os mous et son tissu cellulaire abondant, sont encore des indices d'un achèvement imparfait.

Le premier soin de la chienne, après la venue de ses petits, est de les lécher, et conséquemment de les débarrasser du liquide visqueux dont ils sont couverts. A peine cette opération est-elle terminée, qu'ils cherchent avidement à téter et ne quittent cette occupation que pour dormir.

Les mamelles ventrales, en raison de leur volume et de leur proximité des organes producteurs, sont toujours plus chargées de lait que les pectorales. Cependant, comme la succion augmente beaucoup la vertu sécrétoire des glandes mammaires, il arrive que lorsqu'un jeune chien recherche et s'adonne particulièrement à une mamelle pectorale, celle-ci se développe, tandis qu'une ventrale reste en inaction.

Après la parturition, et pendant les cinq ou six jours qui suivent, il importe de ne donner rien de froid à la chienne : des boissons tièdes sont recommandées ; immédiatement après la parturition on donnera avantageusement, surtout chez les chiennes un peu délicates, une potion de gruau dissous dans du lait tiède.

Généralement la parturition est facile chez la chienne, mais si la bête est chétive et faible, chez les petites chiennes d'appartement surtout, il n'en est pas toujours ainsi. Alors il est utile de se trouver près de la bête lorsqu'elle fait ses petits, afin de l'aider avec la main si le travail est laborieux.

Si le travail de la parturition est lent et pénible, on administrera de suite des toniques tels que : vin de quinquina, infusion de sauge, feuilles de noyer, etc., qui lui donneront des forces utiles pour opérer la sortie des jeunes chiens.

S'il y avait de réelles difficultés soit dans l'expulsion des petits, soit dans celui de l'arrière-faix, on donnerait 60 centigrammes à 1 gr. d'ergot de seigle ; mais il est rarement nécessaire d'en venir là.

CHAPITRE XIII

ÉLEVAGE DES JEUNES CHIENS

Allaitement. — Trois cas se présentent : ou bien on ne veut conserver aucun des nouveaux-nés, ou bien on ne peut en élever que quelques-uns, ou bien on désire les conserver tous

Tout détruire. n'est pas sans danger pour la mère, cela exige au moins certaines précautions, d'autant plus nécessaires qu'on tient davantage à la lice pour un motif ou pour un autre. Lorsqu'on se résigne à une pareille extrémité, il faut enlever les petits aussitôt après leur naissance, avant qu'ils aient ajouté à l'excitation physiologique et normale des mamelles, celle qui résulte d'une succion active, plus ou moins prolongée et répétée La fièvre de lait peut prendre alors des proportions pénibles et fatales.

Il est cruel d'avoir favorisé l'œuvre de la fécondation pour en supprimer violemment les résultats. Quand cela est impérieux pourtant, il faut le faire de la façon la moins nuisible pour la mère. Le mieux serait de lui laisser un ou deux nourrissons ; mais si on doit les lui enlever tous, il est bon de les emporter un à un à partir du second. Le petit qu'on lui laisse chaque fois, le dernier-né, captive son attention et lui fait prendre plus aisément son parti de la perte des autres, enfin, on lui prend le dernier de tous aussitôt que possible afin de ne pas lui donner le temps de s'y attacher davantage.

Malgré ces précautions, elle éprouvera d'immenses regrets et un très réel chagrin. Ne soyez pas insensible à sa misère et calmez sa souffrance par quelques caresses accompagnées de bonnes paroles.

Chez nos femelles robustes, l'enlèvement de tous les petits, s'il est exécuté avec l'attention que je viens de dire, ne détermine aucun accident fâcheux pour elles. On se borne à les tenir à la diète d'aliments solides pendant quatre ou cinq jours, plus ou moins, en raison de l'état de gonflement des mamelles. En Angleterre on est obligé d'y mettre un peu plus de cérémonie, de constituer un régime rafraîchissant, d'administrer « un purgatif léger » et de faire prendre un exercice modéré. En l'espèce, ces indications sont tout à fait à leur place et l'on fera bien de les suivre.

Pour le cas où l'on ne veut élever que partie de la portée, il y a deux choses à considérer : le nombre des petits que l'on garde et le choix à faire de ceux-ci.

La chienne suffit à allaiter tous ses petits pendant les trois ou quatre premiers jours : à partir de là, il y a souffrance pour la portée ou pour elle-même, si le nombre des nourrissons dépasse celui des bonnes mamelles, c'est-à-dire de celles qui s'emplissent de lait.

L'allaitement artificiel n'est praticable que pour quelques petits, il réussit mal pour un grand nombre, et M. E. Gayot, auquel nous empruntons ces détails, ne le conseille pas.

En supprimant une partie des nouveaux-nés, il

faut essayer de conserver les plus beaux, c'est-à-dire les meilleurs. Comment faire? Peut-on risquer utilement à cet égard des conseils! Peut-être, mais qui oserait dire qu'ils porteront juste. Pour moi, je crois qu'on agit un peu, sinon tout à fait, à l'aveuglette. L'inconvénient est moindre quand, lors du choix des reproducteurs, on a mis par devers soi le plus de chances possibles de réussite.

Voici, à ce sujet, l'opinion des Anglais:

« La plupart des éleveurs ont des principes différents d'après lesquels ils se guident dans le choix des petits à conserver. Les uns prennent les plus lourds, les derniers nés ou les plus longs de la portée, tandis que d'autres ne sont influencés que par la couleur. Quand aux petits chiens de fantaisie qui ne peuvent avoir d'autre mérite que l'apparence, il faut accorder à la couleur toute l'importance qu'elle mérite, puisqu'il en est dont la valeur est diminuée de cent pour cent par de légères variations dans les marques. Parmi les pointers et les settest, on pourait aussi préférer un chien avec beaucoup de blanc à un autre d'une seule couleur, celui-ci fut-il préférable sous d'autres rapports, à cause de la plus grande utilité du premier à la chasse. Ce sont les formes qui décident surtout du choix des lévriers, et bien qu'elles ne soient pas au moment de la naissance, ce qu'elles seront plus tard, il est certaines indications qui ne sont pas à mépriser. *Si en soulevant un petit* par la queue il met ses jambes de devant en arrière, plus loin que les oreilles, on peut supposer que la conformation du quartier de devant sera sans défaut, pourvu que les jambes et les pieds soient bien formés, ce qu'il est très difficile de vérifier à cette époque. On peut conjecturer aussi la largeur des hanches et la forme de la poitrine et des reins, la longueur du cou se dessine déjà, mais pas avec la même certitude que les épaules et les côtes. Un état d'embonpoint permanent qui se remarque chez un ou deux des petits, est un signe de leur force actuelle ou de la vigueur de leur constitution, soit que par la violence ils privent les autres de leur part de lait, soit que, soumis au même régime, ils prospèrent davantage. Le nombril doit-être examiné pour voir s'il n'y a point rupture; et comme cet examen ne peut se faire avec quelque succès qu'à la fin de la première semaine, cette raison seule est suffisante pour différer le choix jusqu'à cette époque ».

Ces principes anglais, empruntés à M. H. Robinson, sont peut-être un peu absolus, en France ils ne sont guère appréciés.

L'allaitement des petits chiens est de deux ou trois mois. On l'abrège ou on le prolonge sans inconvénient, suivant les circonstances, l'état de la mère, les exigences de sa destination, le nombre des petits qu'on lui a laissés. La nourriture vient en aide dans tous les cas où on veut soulager la nourrice, pousser les petits et les préparer au sevrage (Gayot).

Sevrage. — Les jeunes chiens sont peu actifs, ils dorment tous le jour et n'interrompent guère leur sommeil que pour prendre leur nourriture.

A l'âge de trois ou quatre semaines, le jeune chien

boit le lait qu'on lui met dans des vases, et tette moins sa mère A cette époque, les Anglais ajoutent un peu de sucre au lait

A six semaines, le régime doit être plus substantiel. A ce moment, le jeune chien commence à manger de la soupe. C'est à cette epoque, c'est-à-dire à l'âge de six ou huit semaines qu'on doit commencer le sevrage : au lait bouilli et sucré, si l'on veut on ajoute du pain, ou un peu de farine, puis on donne quelques petits os à ronger, dont les jeunes chiens se montrent très avides, tant pour leur alimentation que pour leur amusement.

A cette époque aussi, les jeunes chiens étant plus vifs et plus agiles, commencent à courir. Il faut leur réserver une certaine place pour leur permettre de gambader tout à leur aise. Jusqu'à l'âge de douze ou quinze mois, ces gambades et ces jeux sont une nécessité.

Écourtement de la queue. — C'est un peu avant le sevrage qu'on pratique l'écourtement de la queue, lorsqu'il y a lieu de raccourcir cet organe. C'est à cette même époque que l'on procède à l'enlèvement des griffes, opération toute anglaise.

L'écourtement de la queue, comme disent les Anglais, est chose en soi des plus simples. Un coup de ciseaux est bientôt donné et il est aisé de pratiquer la section entre deux os. « Il est à désirer, fait observer M. Gayot, qu'on laisse entière la queue à tous les chiens à qui la destination spéciale ne fait pas une nécessité de la porter plus ou moins écourtée. »

Amputation des oreilles. — L'amputation des oreilles se fait plus tard, vers le quatrième mois seulement. Il est élémentaire qu'avant de couper une chose, elle soit venue. Avant le quatrième mois, les oreilles ne sont pas assez développées pour qu'on puisse les travailler en connaissance de cause. Rien ne presse même encore à cet âge, et mieux vaudrait sans doute attendre la fin du second trimestre ou même de la première année. La raison qui milite le plus en faveur d'une opération tardive, c'est l'abondance de la perte de sang qu'elle entraîne généralement.

L'auteur anglais Robinson, a aussi ses idées sur le raccourcissement des oreilles. Il veut qu'on le pratique sur les terriers dans le courant du quatrième mois. Il veut aussi qu'on marque les chiens courants à l'initiale du propriétaire, opération pour laquelle, comme chacun sait, on emploie des lettres en fer rougies au feu. La chose est vraiment des plus simples et ne comporte aucun autre détail.

Couper ou arrondir les oreilles nécessite un peu plus d'attention et d'expérience. L'instrument dont on se sert ici est une paire de grands ciseaux effilés. On saisit une oreille de la main gauche, on s'efforce de tenir dans leur position naturelle les deux couches de la peau qui recouvrent le cartilage, et, de la main droite, armée de ciseaux, on opère en taillant d'un seul coup, sans mâcher. Je préfère le procédé français, qui retire et maintient la peau vers la base de l'oreille afin qu'elle recouvre, après l'amputation, la plaie faite au cartilage.

Ce qui justifie une pareille mutillation, c'est que les chiens courants travaillent dans les taillis, dans les lieux couverts de ronces ou d'arbrisseaux épineux auxquels les oreilles trop longues se déchirent. Or, ces sortes de blessures sont d'une guérison extrêmement difficile et finissent par fatiguer beaucoup les chiens. On est donc très généralement d'accord sur la nécessité de raccourcir ou d'arrondir les oreilles. Si l'on discute parfois à cet égard, c'est seulement sur la quantité de substance à enlever. L'habileté consiste à laisser les deux oreilles bien pareilles et non d'inégale grandeur.

Cette opération doit toujours être pratiquée de bonne heure. Plus elle est tardive, plus elle fait souffrir.

Chien adulte. — C'est entre quatre et quinze mois, que les chiens sont sujets à cette affection communément appelée *maladie des chiens*, c'est une période critique, qui marque le passage de la jeunesse à l'âge adulte. Nous y reviendrons avec tous les développements nécessaires dans la cinquième partie de ce volume.

C'est à deux ans, ou plutôt *vers* deux ans, que le chien est adulte. C'est alors qu'il présente tous les caractères distinctifs de sa race et qu'il est apte à la reproduction. Arrivés à cet âge, les chiens sont traités différemment, suivant les usages auxquels on les destine ; il va sans dire que ceux qui seront soumis à un travail quelconque, chasse, garde des troupeaux, etc., devront être mieux nourris que ceux qui ne font rien, mais en tous cas, il est à remarquer que le chien adulte est beaucoup moins vorace que le jeune chien, et cela se conçoit puisqu'il n'a presque plus rien à former, mais seulement à entretenir.

Vieillesse. — Vers huit ou neuf ans, commence la vieillesse; alors les fonctions se ralentissent, le chien maigrit ou bien il devient très gras; le poil devient plus blanc, le chien est très frileux, et comme dans la première jeunesse, il passe la plus grande partie du temps à dormir.

CHAPITRE XIV

ALIMENTATION DES CHIENS

Régime. — Quoique le chien, par sa dentition, soit un carnivore avéré, en l'associant à sa vie, l'homme en a fait un omnivore : il mange de la viande, des légumes, des farineux, et ce mélange lui convient très bien.

La nourriture est une des causes qui modifient le plus l'organisme. C'est principalement par les aliments que le chien reçoit les influences de la terre qu'il habite. L'influence du ciel et de l'air exerce son action sur la surface extérieur, tandis que la nourriture agit plus spécialement sur les formes générales.

Les aliments agissent par leur quantité et leur qualité, et leur action, qui s'exerce directement sur les organes digestifs d'abord, se reporte ensuite sur l'ensemble du corps.

Les chiens sauvages ne ressemblent pas identiquement aux chiens domestiques, et cette différence, tient à la nourriture; les premiers vivant de chair, ont les intestins plus courts et moins développés ; les seconds, en mangeant beaucoup de végétaux, ont pris dans la domesticité une partie des caractères omnivores ; c'est pourquoi ils ont les intestins longs, le ventre descendu. A ces causes, il convient d'ajouter l'abondance de nourriture dont ils jouissent comparativement aux chiens sauvages.

Sur nos races domestiques, on constate tous les jours les effets amenés par le régime. Si on prend deux chiens dans la même portée et qu'on les soumette à un régime diamétralement opposé, on voit que celui qui a été bien nourri, bien soigné, aura non seulement les qualités de sa race, mais les possédera à un haut degré de perfection, tandis que celui qu'on aura abandonné sera petit, maigre et tendra à dégénérer.

Le régime n'augmente pas que les formes extérieures, il acccroit encore les qualités intellectuelles du chien.

Tous les bons résultats du régime restent négatifs si on opère dans un climat impropre à le favoriser (1).

Nourriture des chiens. — En France, on nourrit les chiens avec de la *soupe*, c'est-à-dire du pain trempé dans de l'eau, c'est d'ailleurs la meilleure manière de leur faire consommer le pain.

Quelques amateurs, dit M. de Cherville, sont convaincus que, si on ne veut pas voir ces animaux envahis par les maladies de la peau, le pain doit être leur nourriture exclusive... Prétendre réduire le chien exclusivement au végétarisme est une erreur. Si l'animal est sédentaire, si son existence se passe à l'attache ou dans le cercle étroit d'une cour, à ce régime, il végétera, vaille que vaille. S'il est soumis à un travail rigoureux et répété, il dépérira, ou ne vous fournira jamais la somme de résistance à la fatigue dont,

(1) A. Bénion. *Les Races canines.*

dans d'autres conditions, il serait susceptible. Les chiens de vénerie mangent de la viande tantôt crue et tantôt cuite, et les maladies de la peau ne sont ni plus, ni moins fréquentes en eux que chez leurs congénères. Le chien d'arrêt qui, étant souvent en campagne, n'a pas comme les meutes cinq jours de repos sur sept, réclame comme celles-ci, une alimentation fortifiante, dans laquelle la viande doit figurer.

Les Anglais, qui nous distancent de fort loin dans toutes ces questions, l'ont compris depuis longtemps. Toujours à l'affût des besoins ou des désirs de son public, leur industrie a tout de suite inventé les *spratts-patent*, pour leur éviter l'ennui du pot au feu pour le chenil.

Ces spratts-patent sont des biscuits composés de chair de cheval et de pulpe de betterave; ils se préparent comme la soupe, en versant de l'eau bouillante dessus et en les délayant; les chiens la mangent avec avidité.

Quelle soit donnée ainsi, ou sous une autre forme, il importe que la viande entre dans l'alimentation du chien, sans toutefois constituer son régime exclusif.

En France, dans le voisinage des villes, là où le cheval de non-valeur arrive pour finir, la soupe à la viande bouillie devrait être usuelle pour les gros chiens de garde et pour les chiens de berger. Les résidus de la fonte du suif, nommés *crétons* ou *crotons*, peuvent également servir à « graisser » la soupe. On recommande avec soin de ne jamais faire manger de viande de mouton au chien de berger, de crainte que, y prenant goût, l'envie de mordre au sang ses subordonnés ou ses ouailles, ne devienne fatale à plusieurs. L'animal, dit M. Gayot, a été créé et mis au monde pour les aimer jusqu'à la dent exclusivement, pour les faire respecter et ne leur causer de dommage d'aucune sorte. Délivrez-le donc avant tout de la tentation, pour le présent ou pour l'avenir. Mais la défense n'atteint que le chien de berger, « les tripailles de moutons » et autres résidus peu estimés des boucheries forment ici morceaux de choix et peuvent concourir à composer d'excellentes soupes de chien.

En ce qui concerne la nourriture du chien, M. J. Lavallée s'exprime ainsi :

« La nourriture d'un chien de forte taille est d'un kilogramme de subtances alimentaires par jour. Si l'animal est très fort, il a besoin d'une quantité plus grande. On peut, au contraire, la diminuer s'il est de petite taille. La nourriture peut se composer exclusivement de pain, mais il est mieux qu'elle soit mélangée de quelques substances animales, et même de quelques végétaux. Le pain de suif, en le faisant bouillir plusieurs heures, fournit un bouillon que les chiens acceptent volontiers. On peut y joindre aussi des pommes de terre, des betteraves sucrées ou bien des fèves, en ayant soin de réduire ces végétaux en menues parcelles. Mais il est mauvais de nourrir les chiens *exclusivement* de chair, car, dans ce cas, ils contractent une odeur désagréable; leur haleine devient fétide, et ils sont plus sujets aux maladies de peau. Il faut donner aux chiens une nourriture suffisante, autrement ils vont courrir, aussitôt qu'ils sont détachés, pour se mettre à la recherche des charognes. Ils quittent la garde de la maison ou celle du troupeau pour aller assouvir leur faim. Ils sont exposés à rencontrer des chiens errants ou des loups qui vont aussi au carnage; et lorsqu'ils ne feraient pas de mauvaises rencontres, les excréments et la viande putrifiée dont ils se repaissent alors ne tardent guère à altérer leur santé. Il est bon que le chien destiné à la garde de l'habitation reçoive toujours sa nourriture au logis; mais il ne doit pas en être ainsi pour les chiens qui gardent les bestiaux. Il est de ces animaux paresseux qui abandonnent les bêtes confiées à leur garde pour venir rôder autour des bâtiments, soit par paresse, soit dans l'espoir de saisir quelque os ou quelque morceau de pain. Pour les accoutumer à rester aux champs, il faut que le bouvier ou la bergère emporte la nourriture du chien et la lui donne dans la campagne en la divisant en plusieurs portions, afin que le chien, sachant qu'il n'a pas reçu toute sa pitance, ne s'éloigne pas, dans la crainte de perdre ce qu'on ne lui a pas encore donné (1). »

Il ne suffit pas de faire entrer la viande du cheval dans l'alimentation, il faut encore la lui donner de bonne qualité. Nous ne voulons pas dire par là qu'il faille lui réserver des morceaux de premier choix, mais il faudra éviter de lui donner la chair des animaux morts de maladies contagieuses.

Il va sans dire que la viande ne sera jamais administrée crue, mais bien cuite. C'est à cette condition qu'on évitera sûrement les maladies parasitaires, les affections de la peau et la fétidité de l''haleine.

(1) *Encyclopédie pratique de l'Agriculteur*, Art. Chien.

En Angleterre, on fait avec elle du bouillon qu'on emploie à la confection de « puddings » ou de soupes trempées avec du biscuit. On donne les os sur le gazon ou sur une aire très propre en ayant soin d'écarter les petits fragments qui pourraient être avalés entiers.

Considérant le lait comme l'aliment type, on a trouvé, en Angleterre, qu'une ration composée par parties égales de viande de cheval et de farine de froment, pesées en leur état naturel, avant cuisson, par conséquent, donnerait la ration type du chien, qui recevrait ainsi une nourriture mixte, animale et végétale.

Une chose qu'il importe également de ne pas oublier dans l'alimentation du chien, c'est l'eau. Cet animal boit souvent et il souffre beaucoup de la soif. Toujours donc, on tiendra à sa disposition de l'eau propre et claire.

CHAPITRE XV

LOGEMENT DES CHIENS

Le Chenil. — Lorsqu'on a un ou deux chiens on ne leur réserve généralement pas d'habitation spéciale, une niche, placée dans la cour, suffit généralement pour les abriter. Mais celle-ci doit être placée dans un endroit sec et abritée contre le vent du nord. Nous reviendrons plus loin sur ce genre d'habitation.

Tous les écrivains de la vénerie ont consacré au chenil un chapitre spécial, mais ce chapitre est presque toujours le même, et c'est la prose de Jacques du Fouilloux qui en fait les frais : « Le chenin, dit-il, doit être situé en quelque lieu bien orienté, où il y ait une grande cour bien aplanie, ayant quatre vingts pas en carré, selon la commodité et la puissance du seigneur, mais d'autant qu'elle est spacieuse et grande, elle en est meilleure pour les chiens, parce qu'ils veulent avoir du plaisir pour s'esbatre et vuyder. Par le milieu du chemin y doit y avoir un ruisseau d'eau vive ou une fontaine près laquelle faut mettre un beau grand tymbre de pierre pour recevoir le cours de la source qui aura un pied et demi de haut, afin que les chiens y boivent plus à leur aise ; il faut qu'iceluy tymbre soit percé par un bout, afin de faire évacuer l'eau, et qu'on le nettoye quand on voudra.

« Sur le hauct de la cour, doit estre basty le logis des chiens, auquel faut qu'il y ait deux chambres, dont l'une sera plus spacieuse que l'autre, et en icelle doit avoir une cheminée grande et large pour y faire du feu quand mesties sera. Les portes et fenestres d'icelle chambre doivent estre situées entre le soleil leuant et le midy. La chambre doit estre eslevée de trois pieds plus haut que le plan de la terre et y faut faire deux cois, afin que l'urine et immondicité des chiens ne puissent vuyder. Les murailles doivent estre bien blanchies et les planchers bien collez, de peur que les araignées, pulces, punaises et leurs semblables s'y engendrent et nourrissent. Les fenestres doivent estre bien vitrées, de peur que les mouches y entrent. Il leur faut toujours laisser quelque petite porte ou huysset, afin qu'ils s'aillent vuyder et esbattre quand ils voudront. »

Pour en revenir à des principes plus modernes, nous disons qu'un chenil, pour être placé dans de bonnes conditions, doit être un peu surélevé, à l'abri de l'humidité, exposé au midi, mais préservé du soleil, à l'abri des vents du nord. Le sol sera légèrement incliné pour faciliter l'écoulement des urines et des eaux de lavage, il sera fait de pavé ou d'une couche assez épaise de pierrailles et de machefer bien battu sur lequel on pose des poutrelles et un plancher.

Les fenêtres seront placées assez haut pour que les chiens ne puissent pas s'échapper par cette voie. Si les constructions ne permettaient pas de les placer ainsi, il faudrait les garnir de grilles. La porte sera large, pour éviter les bousculades et les blessures qui peuvent en résulter.

Un ventilateur est indispensable pour entraîner l'air vicié.

Quant à la toiture, elle sera en chaume ou en tuiles, mais non en zinc, ce métal s'échauffant trop facilement en été.

En ce qui concerne l'aménagement intérieur, il faut bien observer que les animaux au chenil passent le plus clair de leur temps à dormir. Aussi M. Bouchard-Huzard conseille-t-il de disposer, des deux côtés du chenil, des banquettes mobiles percées de trous, ou lits de camp en bois, de un mètre de largeur environ : elles seront élevées de 0 m. 15 au-dessus du sol, un peu inclinées en avant, avec un petit rebord, et appuyées sur des tasseaux en bois ou en briques ; on les relève le long des murs, pour laver et nettoyer le dessous, qui doit être dallé. Des séparations ou cloisons en bois léger de 0 m. 40 à 0 m. 50 de hauteur, établies à la distance de 0 m. 80 environ entre elles, formant des espèces de stalles sur les planchers ou sur les banquettes, empêcheront les chiens de se mordre, et arrêteront la transmission des maladies contagieuses, telles que la gale et les chancres. Des loges à ouverture plus étroite, placées dans les angles, seront réservées pour les lices portières. Un lambris appliqué le long du mur sera utile à la santé des chiens.

Il sera facile de calculer la grandeur à donner au chenil : si l'on suppose de chaque côté une banquette de 1 mètre, et au milieu un passage de 2 mètres, soit 4 mètres de largeur, on n'aura, pour obtenir la longueur du local, qu'à multiplier 0 m. 80 par la moitié du nombre de chien que l'on veut qu'il puisse contenir. L'expression en surface sera :

$$S = \frac{n \times 0.80 \times 4}{2} = n \times 1 \text{ m.c } 60 \text{ d. c.}$$

ou 1 mc. 60 dc par chaque chien, dimensions qu'on peut porter à deux mètres carrés dans certains cas particuliers. En tous cas, mieux vaut plus que moins.

Un petit chenil peut être placé à côté d'une pièce où se tiendra quelqu'un pendant la nuit. Dans ce cas, un guichet de communication, ouvert à la hauteur de 1 m. 50 au-dessus du sol, permettra de voir ce qui s'y passe. Les fenêtres destinées à l'éclairage doivent être au moins à la hauteur, afin que les chiens ne tendent pas de s'élancer au travers.

On pratique quelquefois, dans la porte d'entrée du chenil, une petite ouverture à coulisse de 0 m. 30 à 0 m. 35 de côté, qui ne laisse passer qu'un chien à la fois.

On joindra au chenil une cour où les chiens auront la liberté de se rendre suivant leur désir, la surface en sera un peu plus grande que celle du chenil. Une auge, toujours remplie d'eau pure, y sera placée ; il serait même bon que les chiens pussent y jouir d'une mare pour se baigner (1). »

Niches. — Pour les chiens qui ne sont pas réunis en grand nombre, nous l'avons déjà dit, le chenil n'est pas nécessaire.

(1) Bouchard-Huzard. *Traité des Constructions rurales.*

Nous ne parlerons pas ici du petit chien d'appartement, cajolé par toute la maison, qui couche sur la descente de lit, sur la couverture ou même dans les draps de sa maîtresse, celui-là est un prévilégié.

Les chiens de garde ont une niche ou une cabane en bois garnie d'un lit de paille fraîche. Pour un chien de taille ordinaire, on adoptera les dimensions intérieures ; hauteur, 1 m. à 1 m. 25 ; largeur, 70 cent. à 90 cent. ; profondeur, 1 m. 10 à 1 m. 50. La construction sera en planches épaisses et solides, bien assemblées et soigneusement peintes. Le plancher de cette cabane sera élevé au-dessus du sol.

On remplace souvent cette cabane, comme le fait remarquer M. Gayot, par un tonneau couché et défoncé par l'un de ses bouts. Bien heureux lorsqu'on l'éloigne un peu de terre et lorsqu'on le surmonte d'un toit quelconque en planches ou en chaume. On simplifie, par trop souvent, en ne prenant ni l'une ni l'autre de ces précautions. Ah! l'incurie nous domine singulièrement. Ce que je demande là n'est ni coûteux ni malaisé à faire, eh bien ! on ne le fait guère, je le dis à la honte du maître négligent et qui chercherait querelle au plus honnête homme de la terre qui regarderait son chien de travers, ou qui se permettrait seulement d'en médire un brin. L'homme est ainsi fait : croyez-vous qu'il change d'ici à la consommation des siècles? Je le désire, je ne l'espère point. L'hygiène, une science toute de bon sens, voudrait qu'auprès de chaque loge il y eût un vase quelconque, jatte ou petite auge, dans laquelle on tiendrait toujours de l'eau potable, bien propre. C'est encore aisé, mais...

mais, va-t-en voir s'ils viennent... chanson ! que les recommandations les plus essentielles et en même temps les plus simples de l'hygiène.

LIVRE QUATRIÈME

ÉDUCATION ET DRESSAGE

CHAPITRE XVI

ÉDUCATION DES CHIENS, SOINS DE PROPRETÉ

Éducation. — L'éducation du chien consiste à développer ses facultés intellectuelles et à utiliser ses moyens d'action.

Plus que tous les autres animaux, dit M. Benion, le chien est susceptible d'éducation; ses qualités, comme celles de l'homme, sont au plus haut degré perfectibles.

L'instinct, qui existe chez tous les êtres, est une faculté bien différente de l'intelligence; c'est par l'instinct qu'ils se reproduisent, cherchent leur nourriture, conservent leur vie et évitent les dangers. Ils agissent en cela sous l'influence d'une puissance intérieure, qui les force à exécuter à toute heure et comme malgré eux, les opérations nécessaires à l'intégrité de leur existence.

L'instinct du chien est presque la raison de l'homme,

car certains sujets ont réellement une intelligence extraordinaire. Ce qui prouve que cet animal a plus que de l'instinct, qu'il possède de l'intelligence et de la raison, c'est qu'il juge et comprend ; l'instinct ne fait ni l'un ni l'autre. On a obtenu, sur quelques animaux ayant un instinct plus développé que celui des autres, des résultats très satisfaisants, mais quelle différence entre les qualités du chien et celle du cheval, de l'éléphant et du singe ! Ce dernier brille par l'instinct de l'imitation, tandis que le chien accomplit des travaux dont l'exécution lui est propre (1).

L'éducation du chien est facile à conduire et à mener à bonne fin, car chez cet animal l'esprit est observateur et la mémoire prodigieuse. Les personnes et les objets qu'il a vus, les scènes qui se sont passées sous ses yeux déterminent sur ses sens une impression prsque ineffaçable. Le chemin parcouru et les lieux de halte, sont toujours retrouvés par lui, alors que le cheval se trouve souvent en défaut. Voit-il prendre un fusil ou une canne, il devine qu'il va accompagner son maître, il se livre à une foule de démonstrations joyeuses, court, saute et gambade.

Soins de propreté. — Il est une question d'éducation qui a une grande importance, pour les chiens d'appartements surtout, c'est celle concernant les soins de propreté.

Dès le jeune âge, les chiens doivent être dressés à faire leurs ordures au dehors. Pour cela, deux prescriptions sont à recommander :

(1) Bénion *Les Races canines*, page 138.

1° Sortir le chien, le mener à la promenade, au moins deux fois par jour, pour lui permettre de faire ses ordures au dehors ;

2° Le corriger, lorsque malgré cela, il urine ou fiente dans les chambres.

Mais on comprendra sans peine que la deuxième prescription ne peut et ne doit être appliquée que si l'on satisfait à la première. Malheureusement, ce point est souvent négligé, et alors dans les ville, l'éducation du chien, en ce qui concerne les soins de propreté, devient un véritable martyr.

A la condition formelle que le chien soit sorti tous les jours, s'il fait ses ordures dans l'appartement, le meilleur moyen de le corriger et surtout de lui faire comprendre pourquoi on le corrige et ce qu'on demande de lui, c'est de lui mettre le nez dans ses ordures et de lui infliger une correction. En recommençant chaque fois que le délit se produit, mais à la condition de commencer dès le jeune âge, on aura bien vite raison des instincts de malpropreté du chien.

Dressage du chien. — Le dressage du chien doit commencer vers l'âge d'un an ou quinze mois, plus tôt, il est encore trop joueur et l'éducation seule doit intervenir; plus tard, il apprend avec plus de difficulté ce qu'on veut lui enseigner. Cependant le dressage des chiens de berger doit commencer un peu plus tôt, vers sept ou huit mois.

Trois sortes de dressages doivent nous occuper :

1° Dressage du chien de berger ;

2° Dressage du chien d'arrêt ;
3° Dressage du chien courant.

Dressage du chien de berger. — Daubenton a donné sur le dressage des chiens de berger des indications très circonstanciées, et quoique les chiens de Brie, dont nous avons parlé, n'aient pas besoin d'être dressés, leur éducation étant faite par les vieux, nous croyons utile de résumer ici les indications du célèbre naturaliste, qui, le cas échéant, pourront être appliquées à d'autres races qu'on voudra dresser à la garde des troupeaux :

D. Quel mal les chiens peuvent-ils faire aux moutons, et comment l'empêcher ?

R. Les chiens trop ardents et mal disciplinés se jettent sur les moutons, les mordent, les blessent et leur causent des abcès. Ils épouvantent les brebis pleines, et, en les heurtant, ils les font quelquefois avorter : ils renversent les bêtes languissantes qui ont peine à suivre le troupeau ; ils les fatiguent toutes en les menant trop vite et trop durement. Pour empêcher tous ces inconvénients, il ne faut employer à la conduite des troupeaux que des chiens d'un naturel doux, bien appris à ne montrer les dents qu'aux loups et jamais aux moutons. Un bon chien bien dressé les fait obéir, sans leur nuire ; ils s'accoutument à faire d'eux-mêmes ce que le chien leur ferait faire de force. Ils se retirent lorsqu'il s'approche ; ils n'avancent pas du côté où ils le voient en sentinelle sur le bord du terrain défendu.

D. Comment ces chiens servent-ils à diriger la marche d'un troupeau ?

R. Lorsqu'un berger conduit son troupeau devant lui, il peut bien hâter la marche du troupeau et celle des bêtes qui restent en arrière, mais il ne peut pas empêcher que le troupeau n'aille trop vite, ou que des bêtes ne s'en éloignent en le devançant, ou en s'écartant à droite ou à gauche ; il faut qu'il se fasse aider par des chiens. Il les place autour du troupeau, ou il les y envoie pour y faire rentrer les bêtes qui vont trop vite en avant, qui restent en arrière, ou qui s'écartent à droite ou à gauche.

D. Comment un berger peut-il faire exécuter ces différentes manœuvres par ses chiens?

R. Il faut qu'il les dresse de jeunesse, et qu'il les accoutume à obéir à sa voix. Le chien part à chaque signe, et va en avant du troupeau pour l'arrêter, en arrière pour le faire avancer, sur les côtés pour l'empêcher de s'écarter ; il reste dans son poste ou il revient au berger, suivant les signes qu'il entend.

D. Que faut-il faire pour dresser un chien de berger?

R. Il faut apprendre au chien à s'arrêter, à se coucher, à aboyer, à cesser d'aboyer, à se tenir à côté du troupeau, à en faire le tour, et à saisir un mouton par l'oreille au commandement que le berger lui fait de la voix ou de la main.

D. Comment apprend-on à un chien à s'arrêter ou à se coucher, suivant la volonté du berger ?

R. En prononçant le mot *arrête*, on présente au chien un morceau de pain ou d'autre aliment qui le fait arrêter, ou on l'arrête de force; en répétant cette manœuvre, on l'accoutume à s'arrêter à la voix du berger.

Pour dresser un chien à se coucher lorsqu'on le voudra, il faut le caresser lorsqu'il s'est couché de lui-même, ou après l'avoir fait coucher de force en le prenant par les jambes, et prononcer le mot *couche*; s'il veut se relever trop tôt, on le frappe pour le faire rester. Lorsqu'il est tranquille on lui donne à manger, et on parvient à le faire obéir en prononçant le mot *couche*.

D. Comment fait-on aboyer un chien lorsqu'on le veut, et comment l'empêche-t-on d'aboyer ?

R. On imite l'aboiement du chien, en lui montrant un morceau de pain, qu'on lui donne lorsqu'il a aboyé; ensuite on prononce le mot *aboie*. On l'accoutume aussi à cesser d'aboyer lorsqu'on prononce le mot *paix-là*. On menace le chien, et on le châtie lorsqu'il n'obéit pas; on le caresse et on le récompense lorsqu'il a obéi.

D. A quel âge faut-il dresser les chiens pour les bergers?

R. On commence à dresser les chiens à l'âge de six mois, s'ils ont été bien nourris et s'ils sont forts ; mais s'ils ont peu de force, il faut attendre qu'ils aient neuf mois.

D. Comment apprend-on à un chien à faire le tour du troupeau, à le côtoyer, à marcher en avant, à revenir sur ses pas et à rester en place?

R. Pour apprendre à un chien à tourner autour du troupeau, il faut jeter en avant du chien une pierre pour le faire courir après, et la jeter encore successivement de place en place jusqu'à ce qu'on ait fait, avec le chien, le tour du troupeau, toujours en prononçant le mot *tourne*.

C'est aussi en jetant une pierre en avant, et ensuite en arrière, que l'on dresse le chien à côtoyer le troupeau, en prononçant le mot *côtoye*: on dit *va*, pour le faire aller en avant, *reviens*, pour le faire revenir, et *arrête*, pour le faire rester en place; on emploiera d'autres mots pour faire obéir les chiens, dans les pays où les bergers auront un autre langage.

D. Comment apprend-on à un chien à saisir un mouton par l'oreille, pour le ramener lorsqu'il s'égare, ou pour l'arrêter au milieu du troupeau, en attendant le berger ?

R. On fait tourner le chien autour d'un mouton qui est seul dans un enclos ; ensuite on met l'oreille du mouton dans la gueule du chien, pour l'accoutumer à saisir le mouton par l'oreille, ou on attache un morceau de pain à l'oreille du mouton qui est au milieu d'un troupeau ; alors on anime le chien à courir à l'oreille du mouton : il s'accoutume ainsi à le saisir. Par cette manœuvre, on apprend au chien à arrêter le mouton que le berger lui montrera dans un troupeau.

Les chiens peuvent aussi arrêter les moutons en les saisissant avec la gueule par une jambe de devant ou par une jambe de derrière, au-dessus du jarret; mais ce dernier moyen n'est pas sans inconvénient; souvent le jarret reste engourdi, et le mouton boite pendant quelque temps.

D. Comment le chien fait-il obéir le troupeau ?

R. En courant dessus il fait fuir devant lui les premières bêtes qu'il rencontre, et de proche en proche, tout le troupeau prend la même route, si le chien continue à le presser. Lorsqu'une bête n'obéit pas assez vite à son gré, il l'approche et la menace de la voix.

D. Lorsqu'un chien est bien instruit, ne peut-il pas en instruire un autre ?

R. Il faut moins de temps et de peine pour instruire un jeune chien, lorsqu'il en voit un qui sait conduire le troupeau ; le jeune chien veut prendre les mêmes allures, mais il se trompe souvent ; il ne serait peut-être jamais bien instruit si le berger ne lui apprenait pas les choses que l'exemple de l'autre chien ne peut pas lui faire entendre.

D. Quels chiens faut-il prendre pour le service des troupeaux ?

R. Tous les chiens alertes et dociles sont bons pour être dressés au service des troupeaux.

On appelle *chiens de race* ceux dont le père et la mère sont bien exercés à conduire les troupeaux.

Un seul chien suffit pour cent moutons.

Lorsque les terres sont près les unes des autres, et que le troupeau en approche souvent, il faut deux chiens, et même trois ou quatre, parce que deux ne pourraient pas résister toute la journée ou pendant plusieurs jours de suite.

D. Quelle est la meilleure race de chiens pour la garde des troupeaux dans les cantons où les loups sont à craindre ?

R. Celle des mâtins. Ces chiens sont forts et courageux ; mais il faut les armer d'un collier de fer hérissé de longues pointes, et les animer contre les loups la première fois qu'ils ont à les combattre, ou les mettre en compagnie avec d'autres chiens déjà aguerris.

CHAPITRE XVII

DRESSAGE DES CHIENS DE CHASSE

Age pour le dressage. *Leçons préliminaires.*— Avant d'entreprendre l'éducation d'un chien, il convient, dès qu'il a cinq ou six mois, de l'habituer à rapporter, ce qui se fait en jouant, et sans sortir de la maison ; s'il est de bonne race, un peu de patience et de la douceur en viennent facilement à bout. Dès qu'il se rebute, il faut suspendre la leçon, le caresser et le laisser un peu tranquille ; si l'on voit qu'il soit nécessaire d'agir envers lui avec sévérité, il vaut mieux attendre qu'il soit plus âgé pour employer les moyens coercitifs dont nous parlerons plus loin.

On l'accoutume à obéir en lui faisant faire un tour de promenade, en essayant de le faire revenir quand il s'écarte, et de le faire suivre, en lui criant d'abord : *Ici, à moi!* puis : *derrière!*

Il est bon que l'élève ne soit commandé que par son éducateur.

Dressage du chien d'arrêt. — A dix mois ou un an, on emmène le chien en plaine, en lui laissant faire, au début, ses quatre volontés. Il court, alors, après tout ce qu'il rencontre, pigeons, alouettes, perdrix, lièvres, etc.

Ce premier feu passé, il finit par ne plus courir que les perdrix, auxquelles son instinct l'attache plus particulièrement ; et bientôt, las de les poursuivre en vain, il se contente, après les avoir fait partir, de les suivre des yeux. Quant aux lièvres, voyant qu'ils ne quittent pas la terre, il s'acharne sur leur piste, jusqu'à ce qu'on l'ait habitué à s'arrêter au commandement, ce qui n'est pas le point le moins difficile de son éducation.

Chiens qui donnent sur le bétail. — Les jeunes chiens s'attachent souvent à courir la volaille et le mouton ; il faut, de bonne heure, les corriger de ce défaut. Si quelques coups de fouet ne suffisent pas, on fend le bout d'un morceau de bois de 30 à 35 centimètres de long, et on y pince la queue du chien en l'attachant avec une ficelle à l'extrémité de laquelle on lie une poule par le bord de l'aile. Le chien lâché se met à courir en criant à cause de la douleur qu'il éprouve, et comme il l'attribue à la poule qu'il traîne après lui et qui piaille, il finit par la tuer et va se cacher dans un coin ; on le délie alors, et on lui bat la gueule avec le corps de la poule.

Pour le mouton, on couple avec le chien un *ran* très fort ; on les lâche et on fouette le chien dont les cris effrayent le *ran* qui fuit en emportant son compagnon, qu'il finit par charger à coups de tête.

Généralement, une seule expérience de ce genre suffit.

Du commandement. — Pour habituer le chien au commandement, on attaehe à la boucle de son collier une corde de 25 à 30 mètres, qu'on lui laisse traîner, en se tenant toujours à portée de la saisir. Si le chien s'emballe, on l'appelle ; et s'il continue et donne du collier, on tire la corde, ce qui parfois lui fait faire la culbute ; il revient alors et on le caresse. Il est bon d'avoir toujours quelques friandises, pain, os ou viande, à lui donner chaque fois qu'il revient à l'appel.

Quant aux sujets récalcitrants, on leur met le *collier de force*, comme nous le verrons tout à l'heure.

Dans les commencements, il ne faut rien demander au chien que quand on sent qu'il est las ; et, pour le fatiguer plus vite, on est obligé parfois de lui mettre une entrave aux pattes.

Pour lui apprendre à *croiser* et à ne pas toujours aller de l'avant, il faut, quand il *force*, lui tourner le dos et revenir sur ses pas ; dès qu'il s'aperçoit que vous êtes éloigné, il revient à vous ; caressez-le et donnez lui une friandise : au bout de peu de temps, il deviendra inquiet, et, craignant de vous perdre, il ne *quêtera* jamais sans tourner la tête. ce qui le forcera à croiser devant vous.

Apprendre à garder. — Pour cet exercice, qu'on appelle *choupille*, après avoir tenu le chien à l'attache, on le délie, on le tient par la peau du cou, et on lui jette devant le nez un morceau de pain, en lui criant : *Tout beau* ! Quand on l'a tenu un moment devant cette proie, on dit : *Pille !* Alors, on lui laisse prendre le pain, et on le caresse.

S'il se jette sur le pain avant le commandement de *Pille !* on le retient avec le fouet, mais doucement, pour ne pas le rebuter. En peu de jours la flatterie, plutôt que la crainte, lui apprendra ce qu'il doit faire ou éviter pour mériter sa pitance.

Dès qu'il sait garder, on tourne autour de lui avec un bâton en guise de fusil ; on ajuste le pain, et on lui crie *Pille!*

Le chien ne doit jamais manger sans avoir *gardé*; et il prend si bien l'habitude de rester à la vue du pain que, de lui-même, il s'arrête quand on dit: *Tout beau!*

Apprendre à arrêter aux champs. — On porte la gibecière pleine de petits morceaux de pain, frits dans du saindoux, avec des vidanges de perdrix. Une fois dans la plaine, on fait halte, on attache le chien, et, à travers les chaumes, les pâturages et les terres labourées, on plante, de distance en distance, de petits piquets servant de hampes à des petits guidons en papier ; au pied de chacun, on dépose un morceau de pain frit. Ceci fait, on revient détacher le chien, que l'on mène quêtant *dans le vent*, c'est-à-dire du côté où le vent souffle ; quand le chien approche du pain, qu'il en a l'odeur et va se jeter dessus, on crie: *Tout beau!* et s'il ne s'arrête pas, on le fouette.

En deux jours, il s'arrête de lui-même. On retourne alors en campagne avec le fusil chargé à poudre. Après quelques tours, au lieu de crier: *Pille!* on tire. A chaque reprise, afin d'habituer le chien à ne pas s'impatienter et à rester en arrêt jusqu'à ce qu'on l'ait servi, il est important, devant un chien novice, de tirer à terre, et non pas au vol, avant qu'il ne soit bien dressé à souffrir le coup de feu et à s'arrêter indifféremment, dans le chaume, dans l'herbe et dans les terres labourées. Alors, on le mène à la perdrix; et souvent, au premier arrêt, il en fera vingt ou trente par jour.

Empêcher de pousser et de quitter. — Quand le chien va *avec le vent*, il lui arrive souvent de *pousser*; mais il ne faut pas l'en punir. Cependant, quand il court les perdrix, il faut remarquer d'où elles sont parties, et y aller: le chien lâche la piste pour vous suivre; on le fouette alors doucement, pour ne pas le rebuter; sans quoi, s'il est timide, il quittera l'arrêt et cessera de chasser.

Dans ce cas, faites planter au milieu de votre cour un pieu, auquel sont attachés une chaine et un collier. Quand le déserteur rentre, un de vos gens l'attache au pieu et lui donne une volée de coups de fouet, et recommence la danse trois ou quatre fois en une heure. Après la correction, et quand le chien est remis de son émotion, le maître vient, le caresse, le détache, lui donne quelques friandises, et le ramène à la chasse, certain qu'il ne désertera plus. Il est des chiens si bien doués, qu'on leur apprend à marquer, par leurs positions et leurs gestes, pendant l'arrêt, l'espèce de gibier, plume ou poil, qu'ils tiennent en respect.

Faire rapporter. — Le jeune chien, dit M. Paul Caillard, qu'il soit setter ou pointer, petit épagneul de n'importe quelle espèce, le chien est disposé naturellement à rapporter, et tous les jours nous voyons les gens de notre chenil s'amuser à faire rapporter aux petits chiens à peine sevrés ce qu'ils leur jettent. Les terriers eux-mêmes ne sont pas les moins heureux dans ce genre de distraction et y prennent souvent part.

Il est donc facile, dès le jeune âge, d'apprendre à notre élève à rapporter et à remettre dans notre main toute chose *molle* (éviter de leur faire rapporter des objets durs) que nous laissons derrière nous et que nous avons déposée à un endroit qu'il aura observé en suivant derrière nos talons. Nous sommes en promenade, et le jeune chien nous suit. Nous jetons notre gant ou plutôt nous allons le placer avec lui en dehors du chemin, nous avançons de quelques pas et nous nous retournons en lui disant. « Cherche ! » et en lui indiquant de la main la direction. Bien que, dans le jeune âge, le chien, dont les gencives subissent continuellement une certaine irritation, éprouve toujours du plaisir à se servir de ses dents et de ses gencives, il arrive qu'il refuse de prendre le gant.

Il faut alors le lui mettre doucememt entre les dents et le forcer de le retenir en le maintenant au moyen d'une pression sur les mâchoires et en lui parlant et le grondant s'il continue à vouloir se débarrasser de ce qu'il a dans la gueule. Au bout d'un instant, retirez-vous quelque peu en arrière en tenant toujours votre main sous sa gueule afin qu'il ne laisse pas tomber le gant, tandis que de l'autre main vous l'attirez avec la corde de retenue, **mais *sans saccades ni violence.***

Laissez-lui quelque temps le gant dans la gueule, une minute environ, afin qu'il n'abandonne pas trop tôt ce qu'il tient, et ne le lui laissez pas abandonner avant que vous ne lui ayez ordonné en disant : « Doucement, donne ! »

S'il le laissait tomber avant de vous le remettre, il faut le replacer dans sa gueule et le forcer à venir vers vous quelques pas de plus, au bout desquels vous lui faites donner selon le principe indiqué plus haut.

Quelques leçons suffisent ; votre élève viendra bientôt seul vers vous, et vous pouvez faire précéder ses repas de cette leçon. La faim est une maîtresse qu'il faut souvent vous adjoindre pour rompre une volonté trop obstinée.

Nous résumons donc ces premiers principes :

Le chien devra prendre et retenir le gant.

Il devra l'apporter et venir à vous.

Il ne devra pas lâcher prise avant que vous ne lui en donniez l'ordre.

Enfin, c'est dans votre main qu'il devra placer l'objet rapporté.

Nous disons dans *vos mains* et jamais dans d'autres, car il arrive souvent que les jeunes chiens, heureux de montrer leur savoir, vont porter à n'importe qui ce qu'ils trouvent et prennent dans leur gueule.

Votre élève, qui est votre compagnon habituel, est bientôt tellement identifié avec tout ce qui vous touche que, si par mégarde vous laissez tomber quelque chose, il ramasse et vous suit en portant dans sa gueule ce que vous avez perdu.

Lorsque ces premières leçons auront donné le résultat voulu, il faudra augmenter graduellement la distance entre l'objet à chercher et le point de départ. Le chien arrive promptement, en revenant sur la piste que vous aurez suivie avec lui, à retrouver le gant ou le mouchoir caché par vous, scrutant tous les endroits par lesquels vous serez passé à une distance considérable.

Fig. 16. — En quête....

Les leçons de rapport doivent être données souvent, mais il ne faut pas dégoûter le chien par trop longs exercices. Il est nécessaire qu'il conserve, comme toujours, une bonne impression de ces leçons, et vous les terminerez par une caresse et une friandise, qu'il aura méritées par un acte d'intelligence ou d'obéissance.

Il faut surtout ne pas le laisser abandonner ce qu'il rapporte et ne pas le remettre dans votre main. C'est là un point important, et nous avons souvent constaté des dressages imparfaits, qui faisaient que le chien, arrêté tout à coup par un obstacle placé entre lui et son maître, rivière ou haie à franchir, plaçait la pièce de gibier à terre et revenait sans elle. Il ne faut donc jamais ramasser vous-même ce que le chien doit vous remettre dans la main ou le lui remettre dans la gueule, il faut le lui faire porter un certain temps et faire donner dans votre main.

Certains dresseurs se bornent à faire rapporter aux pieds. C'est, à notre avis, une mauvaise méthode : car qui de nous n'a pas vu un chien, revenant avec un perdreau ou faisan simplement démonté et très vivant, le déposer à terre, l'oiseau partir à pied dans le fourré et ne plus jamais être retrouvé.

Nous ne saurions trop attirer l'attention sur la qualité de l'objet que l'on destine à être rapporté. *Il faut absolument qu'il soit mou.* Une habitude détestable est de leur jeter des bâtons ou des pierres, ce qui est souvent fait pour les engager à aller à l'eau.

La peau de lapin empaillée, munie d'une ouverture où l'on peut introduire des poids, est d'un bon emploi pour les leçons sur terre. En effet, il faut que le chien s'habitue à lever des choses lourdes et molles, telles qu'un lièvre qui pèse de 8 à 9 livres, et, dans ce but, il faut charger graduellement la peau de lapin qu'il doit rapporter. Si ce chien prend trop avidement et trop durement, on peut introduire dans l'intérieur quelques branches d'épine qui le forceront à serrer moins fort; mais nous pensons que le mieux est, lors des premières leçons de rapport, de laisser la main dans la gueule en disant: *Doucement!* Il n'y a que pour les jeunes chiens qu'on doit serrer juste ce qu'il faut pour retenir le gant. Du reste, l'emploi des objets très mous pour le dressage au rapport est la première condition de dressage pour obtenir la *dent douce.*

Nous voici arrivés à la seconde période du dressage.

Si vous pouvez avoir une perdrix ou un faisan démonté et un lapin, auquel vous lierez les jambes de derrière en ne laissant entre elles qu'un espace restreint, vous avez l'outillage nécessaire.

Par un beau jour, un temps propice aux émanations du gibier, soit un vent d'ouest ou de sud-ouest, lâchez dans un champ d'herbes hautes l'une de vos pièces de gibier sans que votre élève s'en aperçoive, ou faites-la lâcher par un compagnon que vous emmenez dans ce but. (Un endroit clos est préférable.) Amenez alors votre jeune chien à bon vent, et faites-lui prendre la piste en lui indiquant du bras là où il doit quêter. Il prendra cette pièce démontée.

Il est aussi important que le chien suive de l'œil la pièce que vous tirez, et cela est surtout nécessaire pour la chasse au bois, dans les taillis ou les hautes herbes du marais. Pour arriver à ce but, et comme leçon d'observance du vol et de la chute des oiseaux, les dresseurs anglais font, de distance en distance, des trous en terre où ils cachent un pigeon qu'ils recouvrent d'une planchette chargée d'une pierre. A la planchette est attachée une ficelle.

Ils arrivent sur le terrain avec un jeune garçon, leur fils le plus souvent, qui prend les leçons de son père en même temps que le jeune chien. (Nous recommandons aux pères qui veulent faire de leur fils un homme de chasse, ce système d'apprentissage.)

Lorsqu'ils sont à distance, le jeune garçon tire la ficelle, la pierre tombe, la planchette se déplace, le pigeon part, est tiré et tué; et le chien, qui l'a facilement suivi de l'œil, court le chercher sur votre ordre. S'il est blessé, cela est encore une raison de rendre la leçon plus profitable (1).

Faire aller en croupe. — Quand on fait de longues tournées, il est bon de chasser en se faisant accompagner par un cheval bien doux, que l'on monte quand on veut se délasser et reposer son chien.

La première fois que vous prendrez celui-ci avec vous sur la monture, vous le verrez, au moindre mouvement, s'élancer à terre. Pour le retenir, attachez-vous autour du corps la chaîne du collier du chien, qui restera suspendu par le cou, sur les flancs du cheval, chaque fois qu'il voudra sauter. Vous le remontez alors près de vous, en lui donnant une verte fouettée. Bientôt le chien, non seulement ne quittera plus la croupe sans votre ordre, mais il

(1) Caillard. *Des Chiens anglais*, p. 147 et suivantes.

y reviendra de lui-même et s'y tiendra sans qu'on l'attache.

Faire aller à l'eau. — Ce dressage spécial, dit M. P. Caillard, demande aussi certaines précautions. Il ne faut jamais jeter votre élève dans la rivière ou dans l'étang.

Choisissez un jour chaud, et, accompagné d'un chien qui soit dressé à cet exercice, rendez-vous près du bord de la rivière avec quelques croûtes de pain dans votre poche. Vous aurez eu soin de ne pas lui faire prendre son premier repas, afin que son appétit soit aiguisé.

Prenez de préférence un terrain très en pente, de façon qu'il ne prenne l'eau que graduellement, et jetez quelques morceaux de pain au chien dressé qui s'empresse d'aller les prendre et de les manger.

Pendant ce temps, votre élève contemple avec intérêt ce qui se passe.

Faites alors coucher le vieux chien, et jetez, en augmentant de mètre en mètre la distance, la croûte de pain, que le jeune chien ira bientôt chercher en se mouillant presque tout le corps. Puis, pour l'engager à la nage, jetez un peu plus loin l'objet de sa convoitise, et faites partir en même temps que lui le vieux chien, qui certainement s'en emparera le premier, mais, au retour, récompensez le jeune par une friandise de choix, et envoyez-le seul en recommençant l'exercice. Il comprendra bien vite qu'il n'a qu'à faire mouvoir les pattes pour se diriger dans l'eau, et ira chercher au loin, très promptement, ce que vous aurez jeté, s'il sait que non seulement il trouvera dans l'eau quelque chose d'agréable, mais qu'au retour il sera récompensé.

Une balle de liège est un excellent auxilliaire de cette leçon dans l'eau (1).

Faire arrêter et chasser deux chiens ensemble. — L'exercice au pain frit réussit aussi bien pour deux que pour un, et peut être exécuté d'ensemble ou séparément par deux chiens.

On met au pied de chaque pièce deux morceaux, et quand un chien a arrêté, on appelle l'autre, que l'on amène derrière. Si l'un prend les deux morceaux, on lui en jette un troisième, que l'on tient à la main. Pour la perdrix, on mène le chien novice derrière celui qui est instruit ; et ils s'accoutument si bien à ce manège, qu'au cri de : *Tout beau !* celui qui n'est point en arrêt vient se ranger de lui-même, derrière ou à côté de son frère.

Empêcher de courir au gibier. — Il ne faut pas que le chien courre après le gibier au coup de fusil. Pour l'en corriger, on lui fait traîner deux longues cordes ; pendant que vous tournez, un partner saisit cette corde et s'approche du chien, qu'il saccade s'il fait mine de s'élancer.

En résumé, dans le dressage du chien, nous affirmons, dit un auteur anonyme, que par les bons procédés, les friandises et les caresses, on obtiendra des chiens de meilleurs services qu'à force de coups et de privations.

(1) P. Caillard. Loc. cit.

Dès qu'un chien arrête bien la perdrix, il arrêtera de même, en plaine, tout autre gibier (plume ou poil) même le lièvre ; mais il est, nous le répétons, difficile de l'empêcher de le courir et de s'emballer à sa poursuite, pour peu qu'on l'ait laissé partir au delà de la portée de la voix.

Dressage du chien courant. — Le dressage du chien courant est généralement plus simple que celui des chiens d'arrêt. En effet, ce qu'on lui demande surtout, c'est une *parfaite obéissance.* L'instinct et l'intelligence des chiens appartenant à ce groupe, font le reste.

On les habituera à marcher par couple et on leur fera faire ainsi des promenades plus ou moins longues en leur parlant : *Derrière ! Tout beau !* etc.

Ce qu'il faut chercher surtout c'est de les empêcher de chasser indistinctement sur tous les animaux, on y parvient en employant le système que nous avons précédemment exposé pour empêcher de donner sur le bétail et les oiseaux de basse-cour.

Mais là, aussi, nous le répétons, il ne faut pas craindre de caresser et de flatter les élèves lorsqu'ils font bien ; il faut les châtier lorsqu'ils montrent de la paresse ou même de la mauvaise volonté, mais toujours le châtiment doit être modéré, car le plus souvent on en obtient beaucoup plus par la douceur. Jamais la brutalité et les mauvais traitements n'ont fait un bon chien de chasse, bien au contraire.

LIVRE CINQUIÈME

HYGIÈNE ET MALADIES DES CHIENS

CHAPITRE XVIII

L'HYGIÈNE

La science de la santé. — L'hygiène sera simplement pour nous, dit M. Eug. Gayot, dans son remarquable ouvrage sur *Le Chien*, la science de la santé, c'est-à-dire de cet état particulier dans lequel chaque appareil d'organes doit être maintenu pour remplir librement et régulièrement les fonctions qui lui sont dévolues, de la santé sans laquelle il n'y a rien à attendre d'un animal, quel qu'il soit, ni travail musculaire, ni produit en nature, ni puissance d'aucune sorte. L'hygiène embrasse donc tout ce qui peut avoir une action quelconque sur les êtres vivants. L'alimentation n'en forme, à vrai dire, qu'un chapitre. Après nous être occupés plus haut des aliments, nous aurons par conséquent à revenir sur quelques points.

Et de même, après avoir traité de l'habitation, nous aurons à parler des soins de propreté qui la concernent.

Signes généraux de l'état de santé chez le chien. — Chez le chien, les signes de la santé sont faciles à saisir : c'est la gaîté, la vivacité, la parfaite liberté des mouvements, l'appétit et le facile accomplissement des actes digestifs ; c'est la respiration calme et égale, le poil plus ou moins lisse suivant la race, et offrant ce reflet particulier qui le rend luisant, c'est-à-dire vivant ; c'est la souplesse de la peau, le froid du bout du nez humecté par une légère rosée, et la température des oreilles un peu plus basse que celle des autres régions du corps ; c'est le langage expressif de la queue, compris par les moins intelligents, et aussi celui des yeux vifs, brillants et caressants pour les amis ; c'est enfin la couleur d'un rose vif et uniforme de la conjonctive, des gencives et de la membrane de la bouche, celle-ci convenablement humectée par la salive.

Voilà le chien bien portant.

Il y a toutefois une santé relative, une manière d'être qui n'est pas à proprement parler la maladie, et qui n'est pas davantage la condition la meilleure. Cette façon d'être, par malheur, devient le propre du grand nombre ; elle a envahi la multitude et frappe l'observateur. Sur sept à huit cents chiens dont je vois peuplées les rues de certaines villes, où chacun prétend les aimer et les soigner avec plus ou moins de sollicitude éclairée, je n'en trouve pas cinquante qu'on puisse dire bien portants. Ou trop nourris, c'est-à-dire déformés par l'accumulation exagérée de la graisse, et alourdis par une obésité repoussante, ou maigres, décharnés, hideux, couverts du triste manteau de la misère, telles sont les deux grandes divisions que je suis forcé de faire dans cette population libre des rues où, malgré les règlements de police, grouillent, pêle-mêle, ceux qui ont trop et ceux qui n'ont point assez, les prétentieux aristocrates, la classe moyenne et la plèbe.

Cet état spécial n'est pas sans danger, je le crois, j'en ai la conviction. Il est la conséquence nécessaire d'un régime doublement défectueux. Qu'il se caractérise par plus ou par moins, l'excès est également condamnable et nuisible. Ici, à n'en pas douter, il nuit; je le condamne. A voir une population ainsi menée, on sent bien les fâcheux effets de l'abandon ou de l'absence des soins rationnels sur la constitution de la beaute physique des individus.

Hygiène de l'alimentation. — Les petits chiens de salon, les races de fantaisie que la mode multiplie si rapidement et dissémine à tous vents, sont en général les plus mal traités. On les bourre, on les souffle; on leur donne sans mesure; on invente pour eux des mets nouveaux, et, chose vraiment étrange, on profite de la bizarrerie d'humeur de ces êtres capricieux, jaloux, fantasques, pour leur faire accepter des substances auxquelles ils ne toucheraient jamais volontairement, et qu'ils prennent avec colère cependant, tourmentés qu'ils sont par l'envie, pour empêcher que le chat ou tout autre, à qui on les menace de les offrir, les reçoive en réalité. On abuse des pauvres créatures, on s'en fait un jeu, on s'en amuse. Singulière façon de les aimer !...

La tristesse, le malaise viennent vite à la suite d'une vie pareille. Consulté au sujet d'une jolie havanaise qui se trouvait en situation semblable, un docteur de ma connaissance, dit encore M. Gayot, répondit complaisamment à la dame qui possédait l'animal : « faites trève avec un régime de fantaisie, et bornez-vous à composer de petites pâtées suivant l'ordonnance que voici :

« Pain du plus pur froment trempé dans l'eau ;
« Foie de veau cuit dans le pot au feu et râpé ;
« Cœur de bœuf coupé en très petits morceaux.
« Mêlez ensemble par parties égales, sans pétrir et sans tasser, servez frais et distribuez à petites doses. »

Hygiène de l'habitation. — La simple niche est facile à nettoyer : je ne veux pas dire par là qu'il soit déjà si aisé d'obtenir qu'on la tienne propre ; qu'on la vide fréquemment ; qu'on la balaie aussi souvent et aussi soigneusement qu'il convient ; qu'on en renouvelle la paille autant que cela est nécessaire ; qu'on en approprie enfin les entours de façon à ce que le chien y soit bien, s'y plaise et n'y trouve pas de causes de maladies honteuses presque aussi pénibles pour le maître que pour lui-même.

La paresse et l'incurie sont de vilaines choses, tâchez qu'elles n'entrent point chez vous, et ces chiens, vos amis, les gardiens de vos personnes et de vos propriétés, s'en trouveront bien.

Je passe, sans les regarder, à côté de ces paniers ou de ces corbeilles dans lesquels les petits oisifs de l'espèce dorment pendant la plus grande partie de leur vie, en un coin de la chambre à coucher de maîtresse.

Ces enfants gâtés dont on devient si bénévolement esclave n'obtienne pas toujours qu'on secoue à toutes les fêtes carillonnées le tapis, ou le coussin, ou la peau de mouton, qui forment leur couche habituelle. Aussi les insectes pullulent là dedans comme dans la fourrure du toutou qu'ils tourmentent en le chatouillant désagréablement et en le suçant à qui mieux mieux.

Le chenil réclame des soins très suivis. Le nombre des habitants en accroît les exigences. Cela se comprend puisque les chiens passent là leur existence presque entière. La grande liberté dont jouissent les populations canines n'est pas le partage des chiens de meute ou de travail journalier qui ont pour demeure ordinaire un chenil. Il en résulte que le service s'y complique et que les valets de chiens doivent être surveillés de ces oublis volontaires auxquels pousse une négligence coupable.

Tous les matins, dit M. Elz. Blaze, d'accord en cela avec tous les hygiénistes, tous les matins, les chiens doivent être bouchonnés. On doit voir si, pendant la nuit. aucun n'a reçu de coup de dents. La paille sera secouée ou changée sur les bancs, le dessous sera nettoyé; la cour sera raclée, balayée, lavée; on rincera les auges, on les remplira d'eau fraîche. Les heures du déjeuner, du dîner, seront fixes, et rien ne devra les faire avancer ni reculer. Seulement les jours de chasse on donnera la soupe une demi-heure après le retour au chenil, un peu plus tard, si l'on veut, mais jamais plus tôt. On voit des chiens si fatigués après avoir chassé qu'ils ne peuvent pas manger. Le valet devra les connaître. Il gardera leur portion pour la leur donner quand ils se seront bien reposés. Avant de présenter la mouée, le valet bouchonnera les chiens. S'il fait froid, cette opération se fera devant un bon feu de fagots, vif et clair. Le lendemain, on devra les éponger, les peigner, les nettoyer. En les voyant il faut qu'on ne puisse pas croire qu'ils sont sortis du chenil.

Voici, à propos de l'hygiène de l'habitation, l'avis de J. Baratte, le piqueur de M. J. de Carayon La Tour.

« En premier lieu, je m'occupe beaucoup de l'assainissement du chenil, j'évite en toutes saisons l'humidité, quoique les carrelages exigent un lavage à grande eau presque journalier. L'hiver, je sèche les chenils avec un grand feu, et je fais des fumigations aromatiques. En été, après le nettoyage du matin, je remplace les fumigations par des aspersions d'eau chlorurée. Je soigne particulièrement la ventilation. En l'absence des chiens, j'établis des courants d'air indispensables à la salubrité. Pendant les plus fortes chaleurs, j'enferme les chiens dans l'obscurité qui les invite au sommeil.

« Je regarde la propreté comme chose tout à fait

essentielle. Aussi la paille des bancs est souvent changée; on lessive même les bancs pour enlever la crasse qui engendre la vermine. Au printemps, j'emploie comme préservatif des maladies de la peau, si communes sur le chien, des sulfureux: ce moyen réussit à merveille. »

Signes généraux de l'état morbide. — « J'ai commencé, continue M. Gayot, par donner les signes qui appartiennent à la santé ; leur absence est déjà un indice défavorable. Alors d'autres signes paraissent, au bout desquels il faut s'attendre à voir éclater une maladie quelconque. C'est par leur énumération que je termine.

« Le chien n'est plus en santé lorsqu'il se montre triste, peu dispos, engourdi, lorsque refusant la nourriture, il recherche l'obscurité et ment à toutes ses habitudes. Alors son poil est piqué, terne ; sa gueule est sèche ou bien écumante ; ses yeux sont ternes ou animés, ou hagard ; le bout du nez et les oreilles sont brûlants ; la queue est pendante ; les mouvements sont lents et irréguliers... Attention ! car le mal est proche. »

Les maladies de l'espèce canine. — Les maladies que peuvent atteindre les chiens sont fort nombreuses, et plus ou moins graves On peut les ranger en deux groupes :

1° Maladies internes,

2° Maladies externes.

Nous ne décrirons que les plus importantes, car

parler de toutes serait inutile, dangereux même, en ce sens que le propriétaire de chiens est généralement dans l'impossibilité absolue de les soigner ou même de les diagnostiquer lui-même; le faire serait une imprudence de sa part, car il aggraverait le mal, par un traitement non approprié.

Nous ne conseillerons pas non plus au propriétaire de se subtituer à l'homme de l'art, ce que nous voulons, c'est donner les caractères des principales maladies, afin que la distinction entre les graves et les bénignes soit facile, — de façon aussi à faire ouvrir l'œil au maître et l'engager à soigner ses animaux lui-même si le cas est bien caractérisé et surtout peu grave, ou à avoir recours au médecin vétérinaire ou même au spécialiste si c'est un cas peu commun, grave ou même mal défini.

Sauf la rage, dont les symptômes doivent être connus de tout le monde, nous bornerons donc notre examen, dans les deux chapitres qui suivent, aux maladies les plus communes, celles qui peuvent être soignées sans le secours du vétérinaire, à moins de complications imprévues cela s'entend.

CHAPITRE XIX

MALADIES INTERNES

La Rage. — Aucune maladie ne présente, à l'observation, des symptômes aussi variables et aussi insidieux, surtout au début, ce qui fait qu'on doit toujours se tenir sur ses gardes, alors qu'un chien n'est plus dans son état normal. «J'ai vu, dit M. Bénion, des chiens devenir furieux et redoutables sans avoir passé par la série ordinaire des symptômes ; d'autres, qu'on soignait pour des affections supposées et qui étaient en voie d'amélioration apparente, quitter la maison subitement et porter partout le trouble et la désolation. Il n'est pas un vétérinaire qui, dans le cours de sa carrière médicale, n'ait constaté plusieurs cas semblables.

« La sagacité des chiens brille, quand la science de l'homme pratique est en défaut ; jamais ils ne se trompent, et ils devinent la rage chez le chien qui en est atteint, à son aspect et à sa démarche. On voit souvent fuir avec terreur d'énormes mâtins à la vue d'un petit roquet enragé.

« Une chienne en folie et atteinte de rage, au lieu d'attirer les chiens sur elle, les voit tous fuir avec précipitation.

« En général, les symptômes suivent une marche régulière ; pour mieux les distinguer et les faire connaître, j'ai divisé, continue M. A. Bénion, leur durée en quatre périodes.

Première période. — La première ou période de début dure deux jours environ. Le premier jour peut-être appelé le jour de tristesse et de calme. En effet, le chien est triste, fuit le grand jour, se retire dans les coins et les lieux sombres, et commence à mettre sa queue entre les jambes. Son œil est morne, sa marche lente. Il mange et boit moins que d'habitude. Il ne montre aucune disposition à mordre et obéit à la voix qui l'appelle.

Le second jour, les symptômes changent : à la tristesse et au calme succèdent l'inquiétude et l'agitation. Le chien devient inquiet, quitte sa place à chaque instant pour en prendre une autre qu'il abandonne aussitôt sans raison ; il va, vient, rôde et finit par retourner à son lit sur lequel il s'agite continuellement. Il recommence ce manège quarante fois dans la journée et toujours de la même manière. Il mange et boit encore, ne cherche pas à mordre et aboie sans qu'il y ait de changement dans sa voix.

Deuxième période. — La deuxième période arrive le troisième jour et comprend plusieurs symptômes différents dont la connaissance est importante ; je les décris par groupes et suivant l'ordre dans lequel ils se présentent, afin de bien faire comprendre la valeur de chacun d'eux.

Attitude. — Le regard du chien est changé, son attitude sombre et suspecte. Il va d'un membre de la famille à l'autre, et semble les invoquer du regard et leur demander un remède à sa souffrance. Son attachement est le même, et il n'a pas encore de propension à la férocité. Il ne mange plus et boit beaucoup.

Dépravation du goût. — Il refuse sa nourriture habituelle pour donner la préférence aux matières étrangères à l'alimentation. Les vétérinaires qui ont fait beaucoup d'autopsies savent qu'on trouve toujours dans l'estomac des sujets enragés des morceaux de bois, de charbon, de corne, de fer, de paille, etc. Cette dépravation du goût est quelquefois si grande qu'il dévore ses propres excréments.

Les changements survenus dans le timbre et les modulations de l'aboiement sont tels, que quand on les a entendus une seule fois, il n'y a plus lieu de les confondre avec aucun autre son.

Tous les vétérinaires reconnaissent la rage sans voir le chien ; il suffit qu'ils l'entendent aboyer pour ne pas se tromper dans leur diagnostic. Le timbre n'est plus sonore ; il est rauque et a une grande analogie avec la voix du coq, ce qui a fait dire à beaucoup de praticiens que le chien enragé *a la voix du coq*. En outre, l'aboiement se termine brusquement par un hurlement prolongé, à six ou huit tons plus élevés à la fin qu'au commencement.

Hallucinations. — L'inquiétude du chien va en augmentant ; il est assiégé par des idées étranges, semblables à celles de l'homme atteint de la même maladie. Il guette les animalcules et les insectes qui voltigent dans l'air, regarde autour de lui avec une expression sauvage, happe comme pour saisir un objet ou un être qui l'obsède, se lance à l'extrémité de sa chaîne et cherche à mordre un ennemi imaginaire. S'il s'endort, son repos est de courte durée; il s'éveille presque aussitôt et recommence ce triste jeu.

Quand le chien est d'un caractère irascible et sans affection pour ses maîtres, les choses se passent autrement; l'aspect de cet animal est redoutable, ses yeux brillent, et il cherche à attaquer les êtres qui l'entourent.

Angine. — Une douleur vive, une constriction extrême se manifeste à la gorge, et l'on voit le chien tourner et se gratter violemment vers cette région, comme s'il voulait se débarrasser d'un corps qui s'y serait arrêté. Ces symptômes annoncent l'existence d'une angine névralgique précédant de très peu l'arrivée de la paralysie. La névrose des muscles de la déglutition n'est point une affection propre, mais bien un symptômes d'une autre névrose, qui est la rage.

Cette particularité est très importante à connaître, car la plupart de ceux qui possèdent des chiens croient à la présence d'un os dans le gosier et veulent en tenter l'extraction. Il n'est point d'années où quelques-uns n'expirent victimes de cette croyance, et plusieurs vétérinaires sont morts de la rage pour avoir accédé aux désirs de leurs clients et partagé l'erreur commune. Il est imprudent d'introduire la main dans la bouche d'un chien malade pour lui arracher un prétendu os, à moins d'avoir été témoin du fait que l'on accuse.

Troisième période. — Impossibilité de boire, de manger et d'aboyer; le chien s'agite, mord sa chaîne et les barreaux de sa cage. S'il est en liberté, il court, le poil herissé, la gueule baveuse, la salive filante, l'œil injecté, mordant les chiens et quelquefois les hommes qu'il rencontre. Ces symptômes se présentent ordinairement le quatrième jour de la maladie.

La troisième période présente un symptôme qui

Fig. 17. — Chien enragé.

lui est particulier et qui annonce que la maladie a acquis toute son intensité. La sensibilité est tellement émoussée, que le chien n'a plus conscience de la douleur, et que des brûlures vives n'ont pas l'air de lui faire de mal. Les vétérinaires anglais et français qui se sont beaucoup occupés de la rage ont bien des fois présenté un fer rouge à des chiens enragés, qui se sont précipités sur ce fer, l'ont saisi dans leur gueule et ne l'ont plus lâché.

Si le chien ne manifeste pas de douleur sous les coups dont on l'accable quand il est poursuivi dans les campagnes, cela vient de la perte de la sensibilité, qui est éteinte en tout ou en très grande partie.

Quatrième période. — C'est le cinquième jour ordinairement que l'animal succombe. Il ne peut se tenir debout qu'avec peine: il se traîne lentement le long des chemins, la queue entre les jambes. Sa gueule est ouverte, sa langue pendante. Son insensibilité est plus grande que jamais. Il n'est pas rare de le voir couché dans un fossé et sommeillant en attendant la mort; enfin, une paralysie totale est le terme de sa vie. Les signes de paralysie se montrent d'abord dans le train postérieur ; ils gagnent ensuite de proche en proche, jusqu'à ce qu'ils aient envahi la poitrine et produit l'asphyxie.

Diagnostic. — Le diagnostic est toujours fort difficile à établir, à cause de l'apparition irrégulière et insidieuse de la maladie. Si les symptômes suivaient constamment une marche régulière, semblable à celle qui vient d'être décrite, le danger serait évité de bonne heure. Je recommande expressément aux propriétaires de chiens de réclamer l'assistance d'un vétérinaire toutes les fois que le diagnotic est obscur et peut amener une erreur fort préjudiciable. L'homme de l'art lui-même doit se bien faire expliquer les symptômes préexistants, examiner à plusieurs reprises ceux qui sont apparents au moment de sa visite, s'entourer de précautions, agir avec prudence, en un mot, rechercher tout ce qui lui est utile pour établir son diagnostic.

Traitement curatif. — La rage a résisté, jusqu'à ce jour, à tous les moyens thérapeutiques, extérieurs et intérieurs, rationels et empiriques. Il y a un nombre infini de personnes qui prétendent posséder de prétendus spécifiques contre cette maladie, soit pour les hommes, soit pour les animaux. Ces procédés sont absurdes au point de vue médical et n'ont jamais produit de résultats satisfaisants. La plupart sont prônés au loin, et lorsqu'on invite ceux qui les vantent et les administrent à venir les expérimenter sous les yeux d'hommes compétents, ils s'empressent de répondre négativement. Cependant, bien des gens éclairés ont une conviction absolue de la vertu de ces recettes, sans savoir en quoi elles consistent.

Les vétérinaires et les médecins qui ont préconisés des moyens de guérison sont aujourd'hui convaincus de l'inanité de leurs efforts ; je m'abstiens, en conséquence, de citer les divers médicaments qu'on a vantés et abandonnés tour tour.

Traitement préservatif. — La seule méthode de destruction du virus est une cautérisation énergique au feu rouge, qui détruit l'élément fatal et les parties qui ont subi son contract. Toutes les fois que cette opération est pratiquée dans les conditions suivantes elle est suivie d'un plein succès :

Pendant le temps que l'on emploie à faire chauffer le fer, on débride la plaie avec un bistouri ; on la lave à grande eau en facilitant par des pressions répétées l'écoulement du sang. On applique même des ventouses, pour faire saigner abondamment. Si le chien est blessé à un membre, une ligature mise au-dessus de la morsure est d'un excellent effet, en empêchant l'absorption rapide du virus. Sitôt que le fer est chaud, il faut cautériser profondément et sans le moindre

Fig. 18. — Chien enragé (troisième période).

retard, car l'élément destructeur est absorbé avec uue rapidité telle, que la moindre hésitation fait tout compromettre.

Le même traitement est usité en médecine humaine. Les caustiques solides et liquides sont aussi employés par les médecins; mais aucun n'est plus prompt et plus sûr que le cautère actuel.

On n'a pas souvent ces agents sous la main, tandis

que l'on possède toujours un morceau de fer. C'est surtout chez l'homme qu'on doit débrider les plaies anfractueuses, cautériser profondément; en un mot, ne pas craindre un délabrement affreux, mais salutaire.

La cautérisation est moins douloureuse qu'on ne le suppose. L'influence morale joue encore ici un grand rôle, car une douleur qu'on ne subirait dans d'autres cas qu'avec la plus grande répugnance, est acceptée avec une joie particulière. L'impression nerveuse qui persiste après la morsure, la pensée d'échapper à un mal affreux, font trouver ces douleurs dans une combustion qui, d'habitude, ne produit que des appréhensions horribles.

« Pour mon propre compte, continue M. Bénion, je me suis cautérisé profondément bon nombre de fois, à la suite d'inoculation de matières dangereuses, et j'avoue que la crainte d'un péril imminent anéantit presque entièrement la sensation produite par le fer rouge » (1).

Rage-mue. — Il existe une variété particulière de rage, désignée communément sous le nom de *rage-mue* ou muette, en raison de ce qu'elle débute par la paralysie complète des muscles du larynx et du pharynx, ce qui rend impossible tout aboiement. A part cette différence, les symptômes sont semblables, et l'aspect d'un chien atteint de la rage-mue ne peut tromper l'observateur exercé et intelligent.

(1) Voir, pour la guérison de la rage chez l'homme, l'étude que nous avons publiée dans le *Traité pratique de médecine vétérinaire*, avec la collaboration de M. H. Villiers, 1 vol. Garnier frères, éditeurs, Paris.

La rage-mue est moins dangereuse que l'autre, parce que le chien ne pouvant ni boire, ni manger, ni aboyer, ne peut également mordre. C'est dans les cas de cette catégorie que les méprises sont fréquentes, ainsi que je l'ai expliqué en parlant de l'angine qui survient à la deuxième période de la rage : les propriétaires croient toujours à la présence d'un os dans le gosier et veulent en tenter l'extraction. Le virus de la rage-mue n'est pas moins actif, lorsqu'il a été inoculé, que celui de la rage ordinaire, et amène les mêmes désordres. La mort, dans la rage-mue, est prompte : elle arrive ordinairement le troisième ou le quatrième jour.

Mesures préservatrices. — L'expérience a prouvé de la manière la plus formelle l'inefficacité des moyens employés pour diminuer la fréquence de la rage et celle des accidents qui en sont la suite. Impôt, mesures de police, tout cela s'est montré d'une impuissance absolue. Tous ceux qui connaissent parfaitement la rage et qui observent depuis longtemps les faits journaliers, comprennent fort bien qu'on a fait fausse route en adoptant des mesures diamétralement opposées à celles qu'on devait prendre. Puisque cette maladie est occasionnée par les mauvais traitements, l'excès de travail, l'inégalité des sexes et la privation des rapports sexuels, il ne faut pas aller chercher un remède dans des précautions qui sont plus aptes à la développer qu'à la neutraliser.....

Je crois, avec M. Sanson, que le meilleur préservatif de la rage est celui qui consiste à être en mesure de distinguer, autant que possible, la physionomie du chien sous le coup de la rage et avant qu'il soit devenu dangereux. Il faut que chacun connaisse bien la marche de cette affection, les symptômes de début et les mesures à prendre pour éviter toute espèce d'accident. C'est en lisant les ouvrages des auteurs qui se sont occupés spécialement de la rage qu'on acquiert les connaissances qui peuvent seules mettre à l'abri des atteintes de cette fatale maladie(1).

Maladie des chiens. — Sous le nom générique de maladie des chiens, on désigne l'état dans lequel apparaissent une ou plusieurs maladies dont presque tous les chiens sont atteints.

Elle se déclare à des époques indéterminées par l'âge : chez les uns elle apparaît vers le troisième mois, chez d'autres, au contraire, après le sixième mois, et même plus tard. De même que la gourme chez le cheval, la maladie se présente accompagnée de symptômes plus ou moins graves.

Dans sa forme la plus bénigne, elle offre les caractères d'une affection catarrhale et nerveuse, accompagnée de symptômes gastriques et inflammatoires.

Les différents auteurs qui ont décrit ces différentes nuances de maladies ne sont pas d'accord sur leurs caractères spéciaux. Comme ils ne se présentent pas toujours de la même façon chez différents sujets, on doit subordonner le traitement aux différents symptômes qui se déclarent....

(1) A. Bénion. *Les Races canines*.

Voici les différentes formes sous lesquelles se présente le plus ordinairement la maladie des chiens. Mon intention n'est pas de décrire les divers phénomènes pathologiques que présente cette affection ; cependant il est une observation à constater, c'est que, lorsque le chien est arrivé à un certain âge et qu'il a été atteint des diverses affections disignées sous le nom générique de maladie des chiens, il est rare qu'il éprouve de nouveau les mêmes symptômes.

La maladie chez les jeunes chiens se déclare souvent à l'époque de la dentition et quelquefois après cette époque.

Plusieurs auteurs, qui ont traité les affections de la maladie des chiens, croient à la contagion; d'autres ont cru à la transmission de la maladie des chiens par inoculation ; «plusieurs essais que j'ai fait à ce sujet, dit M. E. Capron, ont toujours été négatifs.» Devant des opinions aussi différentes, je me suis toujours bien trouvé de suivre la médecine des symptômes (1).

Les principaux symptômes sont les suivants, *au début* :

L'animal est triste, frileux et perd l'appétit, il eternue souvent et souvent même vomit; les yeux et le nez laissent écouler une humeur aqueuse et les jambes sont excessivement faibles.

Mais ce n'est pas là ce qui peut tuer l'animal, car ces symptômes en eux-mêmes dénotent une affection assez bénigne ; ce sont les conséquences ou plutôt les complications qui surviennent et dont la gravité est

(1) E. Capron. *Traité pratique des Maladies des chiens.*

extrême, paralysie du train postérieur, catarrhe chronique, catarrhe intestinal, etc.

Prévenir ces complications c'est sauver la bête.

On a proposé de purger le chien tous les quinze jours avec de la manne prise dans du lait, cela réussit quelquefois, mais pas toujours; ou bien, lorsque le mal est tout à fait au début, purger la bête avec du kermès (2 centigrammes) ou du sirop de nerprun (15 à 25 grammes).

Le moyen infaillible de lutter contre les complications de la maladie des chiens c'est l'administration des toniques, notamment le café noir, ou plutôt, comme l'a proposé M. A. Sanson, l'administration au début de la maladie, d'une cuillerée, matin et soir, de *teinture de quinquina*, dans un quart de verre de vin rouge. Mais il faut opérer au debut.

M. Sanson garantit l'efficacité de ce remède. Pour notre compte, nous avons eu l'occasion de l'appliquer dans bon nombre de cas, toujours il a donné les meilleurs résultats.

Diarrhée. — Il y a plusieurs sortes de diarrhée ; les plus communes sont :

La diarrhée simple,

La diarrhée chronique ou dyssenterie.

La diarrhée simple cède ordinairement à un traitement hygiénique. On placera l'animal dans un endroit sec et bien aéré, il sera soumis à un régime maigre et peu abondant; on donnera des lavements de décoction de graine de lin, auxquels on ajoutera trois ou quatre gouttes de laudanum de Sydenham par lavement, et dans lequel on aura délayé une cuillerée à soupe d'amidon : on fera prendre également, trois fois par jour, un gramme chaque fois de sous-nitrate de bismuth, délayé dans une cuillerée d'eau.

Aussitôt la diarrhée arrêtée, on purgera l'animal avec 15 à 20 grammes de sirop de nerprun.

Dyssenterie. — La dyssenterie est une maladie grave, épidémique et contagieuse, caractérisée par des évacuations fréquentes, des selles petites, toujours glaireuses et souvent sanguinolentes; le rectum est enflammé et douloureux. Elle se présente sous trois formes :

Forme commune,

Forme bénigne,

Forme maligne.

La forme commune est souvent précédée de courbature et de diarrhée; elle débute par un frisson, suivi de mouvement fébrile et accompagné ordinairement de vomissements; les selles prennent bientôt un caractère spécial; la chaleur fébrile diminue à mesure que la maladie s'aggrave; des coliques précèdent et acccompagnent les selles qui deviennent très fréquentes ; les selles très petites sont toujours glaireuses, habituellement sanguinolentes, contenant quelquefois de fausses membranes. Ces symptômes augmentent pendant six à huit jours: les selles deviennent incessantes, l'anus plus ou moins ouvert, la muqueuse purulente, rouge, ulcérée, l'amaigrissement rapide, la tendance au refroidissement a fait place à la chaleur fébrile, le pouls est fréquent et petit, le nez sec. Ensuite le malade commence à digérer un peu de bouillon ; la maladie dure ordinairement de dix à quinze jours, et peut se terminer par la guérison ou par la mort ; d'autres fois elle passe à l'état chronique.

Dans le premier cas, les selles s'éloignent, deviennent stercorales ; la chaleur reparaît, la fréquence du pouls diminue, l'appétit reparaît, le sommeil revient, et les malades entrent en convalescence, convalescence toujours longue, difficile et souvent interrompue par des diarrhées et par de véritables rechutes.

Dans le second cas, terminaison par la mort ; l'amaigrissement devient squelettique, l'anus béant, le sphincter paralysé, les évacuations involontaires, exhalent une odeur putride ; le pouls, d'abord intermittent, disparaît tout à fait ; les évacuations se suppriment, les malades succombent à la suite de convulsions ou meurent tranquillement, totalement épuisés.

Dans le passage à l'état chronique, après douze ou quinze jours, le mouvement fébrile cesse, les selles deviennent moins fréquentes, elles sont lientériques et puriformes ; l'amaigrissement, la perte des forces, les frissons persistent. Cet état se prolonge pendant des mois et se termine presque toujours par la mort.

La forme bénigne est habituellement sans fièvre ou accompagnée d'un accès fébrile très court ; les selles caractéristiques sont plus ou moins abondantes, l'appétit revient promptement, les forces sont conservées, l'amaigrissement insignifiant, et la maladie se termine par la guérison, du quatrième au septième jour.

Quant à la forme maligne, elle est extrêmement meurtrière; elle varie d'aspect avec les épidémies; cependant l'algidité est toujours le caractère dominant. Les symptômes graves apparaissent dès le début. La mort peut survenir dès le troisième jour, mais le plus souvent, vers le septième ou le huitième; les malades présentent au plus haut degré l'état grave de la forme commune; les évacuations ont une odeur gangreneuse et ne s'accompagnent ni de coliques ni de douleurs anales, le pouls disparaît rapidement, les convulsions surviennent et le malade meurt par asphyxie.

La cause occasionnelle de la dyssenterie est le refroidissement, l'absorption d'eau froide après une longue course et par un temps chaud.

Tenant compte des différents symptômes désignés ci-dessus, les malades doivent être tenus à une température égale et modérée; il faut les soumettre à une alimentation lactée ou mucilagineuse et végétale, s'abstenir de leur donner de la viande; pour boisson, une décoction de racine de grande consoude, 30 grammes pour un litre de décoction, dans laquelle on fera dissoudre quatre cuillerées à soupe de gomme arabique, trois fois le jour administrer un lavement de décoction de graine de lin dans chacun desquels on délayera trois ou quatre gouttes de laudanum de Sydenham ; faire en même temps des frictions sur le ventre avec de l'huile de camomille camphrée, ou avec du baume tranquille ; appliquer même quelques cataplasmes de farine de graine de lin, arrosés de 10 à 12 gouttes de laudanum.

Afin d'éviter que la dyssenterie ne se communique aux autres chiens, on devra séquestrer le malade, et si cette maladie se déclare dans un chenil occupé par plusieurs animaux, on devra, une fois la maladie passée, désinfecter les locaux qui auront été habités par les chiens ayant eu la dyssenterie, — avec de l'eau phéniquée :

Acide phénique, 15 grammes ;

Eau, 1 litre.

Ou bien avec du clorure de chaux, et faire badigeonner ou repeindre les murs et les niches. On ne peut apporter trop de soins à la désinfection des locaux (1).

Il sera bon, quelque temps après la guérison, de purger le malade. Quant, à la suite de la dyssenterie, il existe de la stomatite, gargariser la gueule de l'animal avec une décoction de racine de guimauve, à laquelle on aura ajouté, par verre de décoction, trois à quatre gouttes d'acide phénique.

Vers intestinaux. — La présence des vers intestinaux, notamment du tœnia, est assez fréquente chez les chiens. Elle se manifeste par les caractères suivants : ils mangent beaucoup et avec gloutonnerie, leur faim est insatiable et cependant l'animal reste maigre et débile ; ils expulsent en abondance des excréments très liquides et rendent des vers ou des

(1) E. Capron. Loc. cit.

fragments de vers par les selles et quelquefois par la gueule; l'haleine est fétide, et parfois même ils ont des coliques et crient pendant la nuit sans qu'on puisse en soupçonner la cause.

Il faut purger fortement le chien, puis on lui donne un breuvage ainsi composé:

Sirop de nerprun, 25 grammes;

Essence de térébenthine, 1 gramme.

Il est bon de faire jeûner l'animal pendant vingquatre heures avant de lui administrer ce médicament.

On peut encore lui administrer, surtout contre le tœnia, une décoction d'écorce de grenadier, à la dose de 25 grammes (1).

Constipation. — Cette affection est très commune chez le chien, elle est souvent, dit M. Capron, l'effet d'inflammations intestestinales. Souvent aussi elle est due, chez les chiens, à la nourriture à laquelle ils sont soumis, surtout lorsqu'ils mangent beaucoup d'os ou des aliments farineux et peu digestifs.

La constipation est souvent le résultat de l'obstruction de l'extrémité postérieure du canal intestinal par l'accumulation d'excréments composés de morceaux d'os mal digérés, et en même temps par un manque de sécrétion et une paresse du tube intestinal; quelquefois aussi, la constipation survient après l'em-

(1) Pour plus de détails concernant les affections vermineuses, voyez : *Traité pratique de Médecine vétérinaire*, par H. Villiers et A. Larbalétrier, 1 vol. illustré. Chez Garnier frères, éditeurs. Paris.

ploi de médicaments irritants, diurétiques ou drastiques.

On remédie à cet état en administrant des lavements dans lesquels on fera dissoudre 15 grammes de sel de Glauber et auquel on ajoutera une cuillerée d'huile d'olive. Administrer un de ces lavements toutes les deux ou trois heures. En même temps, on fera prendre de deux heures en deux heures, de une à trois pilules purgatives, jusqu'à ce qu'on ait obtenu une ou plusieurs évacuations. Si malgré ce mode de traitement, on n'obtenait pas d'évacuations, il faudrait alors à l'aide d'une curette ou du manche d'une petite cuiller à café, enlever la partie la plus avancée des exécréments durcis qui se trouvent dans le rectum, en ayant soin de renouveler souvent les lavements, mais alors avec une décoction de graine de lin seule. Quelquefois la constipation est cause que le ventre se ballonne, qu'il y a formation de gaz retenus dans le tube intestinal. Ce cas étant assez grave, il faut y remédier immédiatement, administrer alors les lavements avec une infusion de tilleul à laquelle on ajoutera une pincée de sel gris, frictonner le ventre avec le liniment ammoniacal campré :

Alcool camphré, 100 grammes ;

Alcali volatil,
Laudanum de Sydenham, } A. A. 5 grammes.
Chloforme,

Donner à l'intérieur une infusion de fleurs de camomille miellée, et dans laquelle on ajoutera, par chaque tasse, quatre à cinq gouttes d'éther sulfurique ; toutes les heures, et dans l'intervalle, faire prendre quelques cuillerées d'eau sucrée, dans lesquelles on aura délayé plein une cuillerée à café de magnésie anglaise calcinée.

Bronchite. — Encore appelée catarrhe ou rhume; la bronchite est une inflammation de la muqueuse des bronches.

C'est une affection commune chez le chien, qu'elle soit primitive ou consécutive à la maladie des chiens.

Les variations de température, les refroidissements, les logements humides, etc., sont les causes déterminantes de la bronchite aiguë. Quelquefois elle survient sans causes apparentes.

Elle s'annonce par une toux sèche et fréquente; à la deuxième période, la toux devient humide et grasse, et s'accompagne d'un jetage mucoso purulent; à la troisième période, ces symptômes disparaissent, ou la maladie passe à l'état chronique, ou bien encore revêt la forme capillaire. La durée de la bronchite aiguë est de deux à quinze jours. Le diagnostic de cette affection est facile: la toux, le jetage, le râle muqueux, la résonnance de la poitrine, sont des symptômes constants et caractéristiques qui n'admettent aucun doute. Le pronostic est peu grave généralement; mais il est sérieux quand l'inflammation s'est propagée aux ramifications ténues des bronches, ou qu'elle est accompagnée de complications. La pneumonie, l'inflammation des intestins et la dyssenterie, en s'adjoignant à la bronchite, font souvent mourir les chiens.

Les saignées, les fumigations émollientes, les boissons calmantes au laudanum et à la belladone, produisent de bons effets. On augmente leur action par les sétons. Si la maladie tend à passer à l'état chronique, on emploie les breuvages omélisés ou kermélisés. Régime diététique.

Bronchite chronique. — Lorsque la bronchite est passée à l'état chronique, il reste une toux petite, quinteuse, avortée, qui n'est pas accompagnée de jetage. Le chien conserve un peu d'appétit et de gaîté ; mais il éprouve une grande gêne dans la respiration, ce qui rend la marche difficile. Pour régime, on donne une alimentation douce et alibile ; les viandes blanches et cuites conviennent le mieux.

On doit user des expectorants : kermès, émétique, souffre, etc. ; associés aux calmants : opium et sirop diacode. Il faut employer avec persistance les sétons au cou et à la poitrine.

Bronchite vermineuse. — Cette maladie attaque de préférence les jeunes chiens. Chez ces animaux, l'intérieur de la trachée et des bronches renferme des vers qui donnent naissance à des phénomènes désignés sous le nom de maladie vermineuse des bronches. Ces vers sont appelés strongles filaires, à cause de leur ténuité.

Comme tous les entozoaires, les strongles filaires font élection de domicile chez les animaux jeunes, débiles, mal nourris et renfermés dans des logements malsains. Les animaux bien portants, peuvent quelquefois contracter cette maladie en cohabitant avec des sujets malades.

Au début, on observe une toux sèche, sonore et

répétée; puis les poils se piquent, et l'animal maigrit. Quelquefois les symptômes suivent une marche plus rapide: la toux devient suffocante; la respiration s'accélère; les animaux tombent à terre en présentant tous les signes de l'asphyxie.

La durée de la bronchite vermineuse est de deux à quatre mois, suivant la force du chien et la quantité de strongles renfermés dans les voies respiratoires. J'ai vu des pelottes de vers obstruant plusieurs ramifications bronchiques et interceptant ainsi le passage de l'air.

Pour tuer les strongles filaires, bien des moyens ont été préconisés. Les plus certains sont: l'inhalation des vapeurs d'éther, d'ammoniaque, les fumigations de tabac ou d'huile empyreumatique, associés à l'administration intérieure du calomel, de l'émétique et du kermès. Il y a des vétérinaires qui versent dans les narines du chien de l'éther, de l'essence de lavande, du vinaigre sternutoire; la facilité avec laquelle ces médicamments parviennent dans les bronches explique comment ils donnent la mort aux strongles.

Paralysie. — La paralysie est souvent le résultat de constipation prolongée, d'entérite, de rhumatismes. Elle est aussi la suite d'empoisonnements narcotiques, de blessures à la tête ou sur le trajet de la colonne vertébrale, de refroidissements brusques, l'animal ayant chaud, d'un séjour prolongé dans l'eau et après que l'animal a essuyé des fatigues exagérées.

Tantôt la paralysie est partielle, tantôt elle est générale. Dans le premier cas, lisons-nous dans l'excellent petit livre de M. Capron, sur les maladies des chiens, il existe encore de la sensibilité aux endroits non atteints, tandis que dans la paralysie générale la sensibilité est nulle. Cette maladie est rarement susceptible de guérison radicale, surtout dans le cas de paralysie générale.

Quelquefois l'on est obligé de retirer, au moyen d'une curette ou du manche d'une cuiller à café, des excréments durcis dans le rectum.

On donnera un purgatif et on facilitera son effet par des lavements dans lesquels on ajoutera une cuillerée d'huile d'olive ou une pincée de sel gris, ou mieux encore par un lavement purgatif composé de :

Sené.....................	15 grammes.
Sulfate de soude............	30 —

infusé dans un litre d'eau bouillante; appliquer un séton au cou, faire des frictions sur les parties malades avec le liniment antiparalytique suivant :

Prenez :

Alcool camphré.............	100 grammes.
Essence de thérébenthine.....	30 —
Alcali volatil...............	30 —
Teinture alcoolique de noix vomiques...................	10 —

Mêlez.

Faire prendre des bains chauds, dans chacun desquels on fera dissoudre 125 grammes de sous-carbonate de soude (vulgairement cristaux) ; y maintenir l'animal pendant un quart d'heure, faire prendre deux fois par jour, matin et soir, dans une infusion de fleurs de camomille, 6 gouttes du mélange suivant :

Teinture alcoolique de noix-vomiques....................	5 grammes.
Teinture de quinquina.......	5 —
Alcool camphré...............	5 —

Continuer ainsi au moins pendant huit jours de suite l'emploi des purgatifs très légers ainsi que les lavements et la mixture ci-dessus. Dans le cas où l'on n'obtiendrait aucun soulagement par les moyens indiqués ci-dessus, on pourra employer la solution arsénicale de Fowler, à la dose de trois à quatre gouttes matin et soir, dans une cuillerée d'eau, et augmenter de deux gouttes chaque jour pour arriver à huit gouttes matin et soir. Enfin, si aucune amélioration ne se produisait encore, faire, après avoir coupé le poil, des onctions sur les parties malades avec l'onguent vésicatoire vétérinaire, de façon à obtenir une vésicule et ensuite une suppuration que l'on entretiendra pendant quelques jours. Il faut avoir soin de donner à l'animal une nourriture substantielle et de le tenir dans un endroit sec et chaud.

Vomissements. — Les vomissements ne sont pas rarés chez les chiens ; ils sont dus la plupart du temps à l'ingestion d'une quantité exagérée de nourriture, et dans ce cas, il n'y a pas à s'en occuper. D'autres fois, les vomissements sont les symptômes de certaines maladies, notamment des empoisonnements et des affections vermineuses ; la guérison de ces maux entraîne du même coup celle des vomissements.

Quant aux vomissements dus à la gloutonnerie, le chien, le plus souvent, après avoir rejeté les aliments contenus dans son estomac, se met à les manger de nouveau. Très souvent, le chien mange de l'herbe pour se faciliter ces vomissements, puis après, il recouvre l'appétit.

Les vomissements nerveux de l'estomac sont dus à une grande irritabilité de cet organe. Ces vomissements, fait remarquer M. E. Capron, ont lieu après l'absorption d'une trop grande quantité de nourriture ou à la suite d'indigestion occasionnée par des substances corrompues et indigestes, quelquefois aussi par suite de constipation prolongée ; souvent les vomissements se déclarent chez les chiennes après qu'elles ont mis bas. Dans la plupart des cas ci-dessus, le vomissement nerveux cesse de lui-même, surtout si l'on a soin de tenir les animaux en repos absolu, les mettant à une diète sévère, les privant même de toute espèce de boisson, et les tenant dans un endroit sec et aéré. Les accidents disparaissent habituellement dans l'espace de douze à vingt-quatre heures. Si, malgré ces soins hygiéniques, les vomissements persistent, il faut alors avoir recours à une médication énergique, surtout si les vomissements sont accompagnés d'efforts violents ou de convulsions. On administrera, toutes les demi-heures, une cuillerée à soupe de la potion antispasmodique suivante :

Eau de tilleul...............	100 grammes.
Sirop d'éther................	30 —
Laudanum de Sydenham.....	15 gouttes.

Si, sous l'influence de cette potion, les vomissements continuent, faire prendre quelques cuillerées de la solution suivante :

N° 1. —	Bicarbonate de soude	5 grammes.
	Eau commune.....	1/2 verre.
N° 2. —	Vinaigre..........	2 cuillerées à soupe.
	Eau commune.....	1/2 verre.

Mélanger une cuillerée de chacune de ces solutions et administrer de suite au malade, ou encore administrer une cuillerée de la solution n° 1, et, immédiatement après, une cuillerée de la solution n° 2.

L'effet de cette médication étant d'obtenir dans l'estomac un dégagement d'acide carbonique, on pourra aussi faire avaler quelques cuillerées d'eau de Seltz. Administrer ensuite les lavements faits avec une forte infusion de camomille romaine, faire aussi sur le ventre des frictions alcooliques, soit avec de l'eau-de-vie, soit avec de l'alcool camphré, soit avec de l'eau de mélisse des Carmes.

CHAPITRE XX

MALADIES EXTERNES

Gale. — La gale est une affection cutanée, causée par la présence de petits acarus microscopiques, et qui se manifeste d'abord aux coudes et aux épaules, elle passe ensuite à la poitrine et au ventre. Il se produit des vésicules dures à la base, transparentes au sommet, et renfermant une sérosité purulente. L'animal éprouve de vives démangeaisons et se gratte continuellement.

En raison de sa nature parasitaire, la gale est éminemment contagieuse ; la malpropreté la favorise beaucoup.

Autrefois très difficile à guérir, la gale cède facilement aujourd'hui au traitement ci-dessous, qui ne laisse aucune trace à sa suite.

On fait faire chez le pharmacien la pommade suivante, dont on fait deux fortes frictions par jour, matin et soir, après cinq ou dix minutes, on lave avec du savon vert délayé avec une très petite quantité d'eau :

Fleur de souffre...............	30	grammes.
Carbonate de potasse.........	8	—
Nitrate de potasse.............	5	—
Sel de cuisine..................	8	—
Alun	4	—
Axonge ou vaseline (1)	40	—

(1) En hiver de l'axonge, en été on préfèrera la vaseline.

Il est bien rare que la gale ne soit pas guérie après deux ou trois jours de ce traitement.

Insectes parasites : Poux, Puces, etc. — « D'autres maladies, fait observer M. Gayot, peuvent être confondues avec la gale. Il n'y a pas grand inconvénient à cela dans la pratique. Elles lui ressemblent si bien, elles lui tiennent de si près qu'on ne les traite pas autrement, et l'expérience donne raison au traitement.

« J'en dirai autant des diverses variétés de dartres, très proches voisines et par la nature et par les effets. On leur oppose avec succès mêmes soins, même régime et mêmes médicaments. Il faut rattacher encore à ces maladies l'existence en grand nombre, la multiplication calamiteuse de ces insectes particuliers que tout le monde connaît, les *puces*, les *poux*, les *tiques*, parasites abominables, tourmenteurs actifs, dévorants insatiables auxquels il faut faire une guerre incessante, acharnée. Heureux, forts par le nombre et la vitalité dans la condition misérable du chien et dans la malpropreté, ils ne prospèrent pas dans les circonstances opposées.

« En constatant ce double fait, je donne les moyens de débarrasser les malheureux chiens et de les rendre au repos, à une sorte de béatitude qui leur manque trop souvent. On travaille plus activement à leur complète destruction en lotionnant les poils et la peau avec des solutions de savon vert et de sulfure de potasse ; avec des décoctions de feuilles de tabac, de graines de staphysaigre, etc., etc. ; et en brossant, peignant souvent. Les lotions d'eau phéniquée méritent confiance. Il en est parfois des remèdes comme de certaines choses d'un ordre plus élevé: les derniers sont les premiers. On traite plus spécialement le *tiquet, tique* ou *louvette*, que les chiens contractent, à leur plus grand déplaisir, dans les bois et qui se cramponnent de préférence à la peau des oreilles où ils tiennent comme teigne. On les force à lâcher prise en les asphyxiant. On les recouvre d'huile, et le tour est joué. Comme préservatif des puces, on a conseillé de faire coucher les chiens sur des copeaux fins et frais de sapin jeune, qu'on renouvelle toutes les semaines. On a indiqué aussi la paille qui a préalablement servi de litière aux chevaux et dont on a soigneusement séparé les crottins. J'aurais assez confiance en cette litière qui, bien sèche, pourrait faire la couche profonde du lit des chiens. On la recouvrirait donc légèrement de paille neuve. Je sais, par expérience, que les puces fuient le cheval et tout ce qui le touche ou l'approche. Il peut en être fier et nous pourrions en faire profiter nos malheureux chiens, les victimes et la proie de ces peu intersssants parisites ».

Chancres aux oreilles. — Ce sont des ulcères qui se développent sur le pourtour de l'oreille; l'animal secoue la tête et se gratte l'oreille, qui ne tarde pas à s'enflammer et à suppurer abondamment.

Il faut tout d'abord empecher le chien de se secouer la tête; pour cela, on la lui enveloppe dans un filet, qui maintient les oreilles dans l'immobilité; le traitement est complété par des frictions avec de l'huile mercurielle répétées deux fois par jour.

Surdité. — Les chiens arrivés à un certain âge perdent assez souvent l'ouïe, surtout les chiens courants et les épagneuls. Chez les jeunes chiens, une surdité plus ou moins complète est souvent la suite d'un refroidissement brusque ou d'un séjour prolongé à l'humidité.

Un bon traitement, consiste à faire des injections plusieurs fois par jour, avec la mixture suivante :

Acide phénique..............	1 gramme.
Alcool.....................	2 —
Eau.......................	2 —

Mêlez.

Puis on fera tomber dans le conduit auditif, matin et soir, quelques gouttes de la composition suivante :

Huile camphrée.............	30 grammes.
Baume tranquille...........	10 —
Chloroforme................	2 —
Laudanum..................	2 —

Si ces moyens ne réussissaient pas, on appliquerait un séton à la nuque, pendant une quinzaine de jours.

Ophtalmies. — On désigne ordinairement par ce nom, dit M. Capron, toutes les inflammations du globe de l'œil accompagnées de rougeurs de la conjonctive.

L'ophtalmie se manisfeste presque toujours par du

prurit et du larmoiement avec la rougeur de la conjonctive. Un ou deux yeux peuvent être atteints.

Dans le traitement de ces maladies des yeux, le premier soin à prendre est de détruire les causes qui ont produit ou qui entretiennent l'inflammation. L'air et la lumière étant les agents qui excitent le plus directement l'organe de la vue, il faut dans tous les cas, pour remplir cette première indication, maintenir l'animal dans l'obscurité, et, si l'affection est intense, lui recouvrir les yeux. Si l'ophtalmie est produite ou entretenue par la présence de corps étrangers, on doit commencer par les extraire. Laisser les animaux en repos, faire sur les paupières des lotions avec une décoction de racine de guimauve et de têtes de pavot; faire tomber dans l'œil, deux fois par jour, quelques gouttes du collyre suivant.

Eau de roses..........	30	grammes.
Sulfate de zing........	10	centigrammes.
Laudanum............	8	gouttes.

Appliquer ensuite sur l'œil malade des compresses du mélange suivant:

Extrait de Saturne......	5	grammes.
Eau.................	150	—

Si, à l'aide de ces moyens, l'inflammation commence à se calmer, on favorise puissamment l'action des médicaments en déterminant une révulsion sur le tube intestinal, au moyen d'un purgatif, et par l'application à la nuque d'un séton, que l'on entretiendra pendant une quinzaine de jours. Donner pour boisson de l'eau nitrée et miellée.

Sel de nitre............	1 gramme.
Eau..................	1 litre.

S'il y a ulcération et tuméfaction des paupières comme dans l'ophtalmie catarrhale, les enduire, matin et soir, avec gros comme une tête d'épingle de la pommade suivante :

Beurre frais............	4 grammes.
Camphre en poudre........	1 décigramme.
Sel de saturne..........	1 —
Précipité rouge..........	1 —

Blessures. — Les blessures, suivant la manière dont elles sont occasionnées sont des coupures, des piqûres, déchirures, morsures, fractures, etc. Toujours ce sont des solutions de continuité faites aux parties molles par une cause mécanique.

Quelles qu'elles puissent être, les blessures sont d'abord lavées avec de l'eau légèrement alcoolisée, froide en été, tiède en hiver, puis on coupe avec soin, au moyen de ciseaux, les lambeaux de chair ou de peau pendantes ; s'il y a des corps étrangers dans la blessure, le vétérinaire doit intervenir.

Une fois lavée, la plaie est préservée du contact de l'air par quelques lotions au vin aromatique, puis on l'enveloppe soigneusement pour que l'animal ne puisse défaire le pansement.

Les morsures peuvent être traitées de la même

façon, mais il est bien préférable, et surtout bien plus prudent de les cautériser immédiatement, car on n'est jamais complètement fixé sur leur véritable nature et on ne sait pas toujours par quel animal elles ont été produites.

Substances médicinales employées pour la guérison des maladies du chien, et doses applicables à cet animal :

Acétate d'ammoniaque..	4 grammes.
Acide arsénieux.........	2 centigrammes.
Aconit (teinture).......	3 gouttes.
Alcool.................	8 grammes.
Aloes..................	4 —
Ammoniaque..........	10 gouttes.
Azotate de potasse......	1 gramme.
Belladone (poudre de)...	50 centigrammes.
Bismuth (sous-nitrate)...	1 gramme.
Camomille............	2 —
Camphre..............	1 —
Carbonate de soude (bi-).	1 —
Chlorhydrate de morphyne..............	5 centigrammes.
Chlorure de mercure (proto-)............	50 —
Chlorure de mercure (deuto-)............	1 —
Chlorure de sodium....	4 grammes.
Digitale...............	10 centigrammes.

Emétique (vomitif)......	5	centigrammes.
— (purgatif).....	10	—
Ergot de seigle.........	2	grammes.
Essence de térébenthine.	1	—
Ether sulfurique.......	1	—
Grenadier (racine de)....	25	—
Huile de ricin..........	25	—
Iodure de potassium....	25	centigrammes.
Kermès...............	2	—
Laudanum de Sydenham.	50	—
Manne................	30	grammes.
Miel..................	8	—
Nerprun (sirop de).....	30	—
Noix vomique.........	5	centigrammes
Opium................	50	—
Quinquina............	2	grammes.
Soufre...............	4	—
Strychnine............	1	centigramme.
Sulfate de quinine.....	25	—
Sulfate de soude.......	30	grammes.

APPENDICE

TAXE MUNICIPALE SUR LES CHIENS

Taxe municipale. — Voici à ce sujet ce que nous trouvons dans l'ouvrage de M. Bénion.

Extrait de la loi du 2 mai 1855 :

ART. 1er. — A partir du 1er janvier 1856, il sera établi dans toutes les communes, et à leur profit, une taxe sur les chiens.

ART. 2. — Cette taxe ne pourra excéder 10 francs, ni être inférieure à 1 franc.

Extrait du décret du 4 août 1855 :

ART. 1er. — Les tarifs pour l'établissement de l'impôt qui doit être perçu au profit des communes, sur les chiens, ne peuvent comprendre que deux taxes, dans les limites de l'art. 2 de la loi du 2 mai 1855.

La taxe la plus élevée porte sur les chiens d'agrément ou servant à la chasse.

La taxe la moins élevée sur les chiens de garde, comprenant ceux qui servent à guider les aveugles, à garder les troupeaux, les habitations, magasins, ateliers, etc., et en général tous ceux qui ne sont pas compris dans la catégorie précédente.

Les chiens qui peuvent être classés dans la première ou dans la seconde catégorie sont rangés dans celle dont la taxe est plus élevée.

ART. 2. — La taxe est due pour les chiens possédés au 1er janvier, à l'exception de ceux qui, à cette époque, sont encore nourris par la mère.

La taxe est due pour l'année entière.

Art. 3. — En cas de déménagement du contribuable hors du ressort de la perception, la taxe est immédiatement exigible pour la totalitéde l'année courante.

Art. 5 (modifié par un décret du 3 août 1861). — Les possesseurs de chiens qui, dans les délais fixés, c'est-à-dire du 1er octobre de chaque année au 15 janvier de l'année suivante, auront fait à la mairie une déclaration indiquant le nombre de chiens et les usages auxquels ils sont destinés, en se conformant aux distinctions établies par l'art. 1er du même décret, ne seront plus tenus de les renouveler annuellement.

En conséquence, la taxe à laquelle ils auront été soumis continuera à être payée jusqu'à déclaration contraire.

Le changement de résidence du contribuable, hors de la commune ou du ressort de la perception, ainsi que toute modification dans le nombre et la destination des chiens entraînant une aggravation de taxe, rendent une nouvelle déclaration obligatoire.

Art. 6. — Les déclarations prescrites par l'article précédent sont inscrites sur un registre spécial. Il en est donné reçu au déclarant; ces récépissés font mention des noms et prénoms du déclarant, de la date de la déclaration, du nombre et de l'usage des chiens déclarés.

Art. 9. — ..... Les imposés acquitteront leurs taxes par portions égales, en autant de termes qu'il restera de mois à courir à dater de la publication des rôles, ainsi que cela est prescrit pour les patentes par l'article 24 de la loi du 24 avril 1844.

ART. 10. — Sont passibles d'un accroissement de taxe : 1° Celui qui, possédant un ou plusieurs chiens, n'a pas fait de déclaration ; 2° Celui qui a fait une déclaration incomplète ou inexacte.

Dans le premier cas, la taxe sera triplée, et dans le second, elle sera doublée pour les chiens non déclarés ou portés avec une fausse désignation. Lorsqu'un contribuable aura été soumis à un accroissement de taxe, et que l'année suivante il ne fera pas la déclaration exigée, ou fera une déclaration incomplète ou inexacte, la taxe sera quadruplée dans le premier cas et triplée dans le second.

Le recouvrement des taxes a lieu comme en matière de contributions directes. En conséquence, les demandes en décharge ou réduction doivent être présentées dans les trois mois de la publication des rôles. Ce délai est de rigueur. Toute réclamation à laquelle ne seront pas joints l'extrait du rôle et la quittance des termes échus ne sera pas admise. Celles qui ont pour objet une cote de moins de 30 francs ne sont point assujetties au droit du timbre.

Ajoutons, pour compléter l'exposé de la loi, que les administrations municipales établissent à leur gré l'élévation de la taxe sur les chiens, ce qui fait qu'elle n'est pas uniforme dans toutes les communes de France.

En général, le tarif communal pour l'établissement de la taxe est ainsi fixé :

Grandes villes :

1re catégorie. — Chiens d'agrément ou servant à la chasse, 10 francs.

2me catégorie. — Chiens servant à guider les aveugles, à garder les troupeaux, les magasins, ateliers, etc., et en général tous ceux qui ne sont pas compris dans la première catégorie, 1 fr. 50.

Petites villes et communes rurales :

1re catégorie : 6 francs.

2e catégorie : 1 fr. 50.

Loi de protetction. — La loi du 28 septembre 1791 a en vue de protéger la race canine et de la soustraire aux mauvais traitements dont elle pourrait être l'objet ; elle prononce une amende et de la prison contre tout individu ayant blessé ou tué à dessein prémédité un chien de garde. La loi du 2 juillet 1850 punit ceux qui font subir de mauvais traitements à ces animaux.

On ne saurait trop approuver ces deux dernières lois établies dans un but de protection des plus louables. Malheureusement, il en est d'elles comme de bien d'autres, elles sont inscrites, elles existent sur le papier, mais non pas de fait. Il serait à désirer qu'elles fussent sévèrement appliquées afin de réagir contre les actes de brutalité sans nom, dont nous sommes témoins tous les jours, tant dans les villes que dans les campagnes.

Police. — Dans bien des départements, le musellement permanent est prescrit ; dans les autres, lorsque les maires sont informés que des chiens enragés parcourent leurs communes et y sèment la désolation, ils prennent aussitôt des mesures énergiques et temporaires pour arrêter le développement de la contagion, en isolant les chiens bien portants.

Comme magistrats de l'ordre administratif, c'est à eux qu'incombe le devoir de prescrire les dispositions propres à rétablir la sécurité. Le zèle de ces fonctionnaires n'est jamais en défaut, et à chaque nouvelle alarme, ils publient des arrêtés dont la teneur est presque toujours celle-ci : (1)

Municipalité de.........

Nous, Maire de la ville de........,

Vu les différents règlements de police concernant les chiens errants, et notamment celui du 19 septembre 1851 ;

Vu les lois des 16, 24 août 1790, et 18 et 22 juillet 1791 ;

Considérant qu'il résulte des rapports faits à l'administration que des chiens ont été récemment reconnus atteints de rage et abattus; Que dans les journées du..... et..... de ce mois, un chien enragé à parcouru plusieurs rues de la ville, et qu'il a même attaqué plusieurs personnes;

Considérant que cet animal était sans muselière (ou était muni d'une muselière insuffisante);

Arrêtons:

ART. 1er — Il est défendu de laisser les chiens vaguer sur la voie publique; ces animaux devront être muselés ou tenus en laisse.

(1) A. Bénion, *Les Races canines*.

ART. 2. — Les muselières employées devront être munies d'un grillage ou de courroies croisées, afin que le chien ne puisse mordre.

ART. 3. — Des mesures seront prises s'il est nécessaire, pour la destruction des chiens errants, et les animaux qui auraient été mis en fourrière seront détruits au bout de cinq jours, s'ils ne sont pas réclamés par leurs propriétaires.

ART. 4. — M. le commissaire de police (ou le garde champêtre) est chargé de l'exécution du présent arrêté, qui sera publié à son de caisse et affiché.

A l'hôtel-de-ville de.........

Le.........

Le Maire.

Bien des personnes reprochent aux arrêtés de ne pas fixer la durée du temps pendant lequel on doit retenir ou museler les chiens. Souvent, au bout d'un mois et alors qu'on n'entend plus parler de rage, elles laissent vaguer leurs animaux, qui peuvent être empoisonnés ou mis en fourrière.

TABLE DES MATIÈRES

LIVRE DEUXIÈME. — Les Races canines.

LIVRE TROISIÈME. — Elevage et alimentation du chien.

LIVRE QUATRIÈME. — Education et dressage.

LIVRE CINQUIÈME. — Hygiène et maladies des chiens.

Mayenne, Imprimerie CH. COLIN

www.ingramcontent.com/pod-product-compliance
Ingram Content Group UK Ltd.
Pitfield, Milton Keynes, MK11 3LW, UK
UKHW020204250726
13967UKWH00003B/1255

9 782012 922280